RAL·NEU 研究报告　No. 0014

# 高合金材料热加工图及组织演变

轧制技术及连轧自动化国家重点实验室
（东北大学）

U0316092

北　京
冶　金　工　业　出　版　社
2015

# 内 容 简 介

本研究报告介绍了东北大学轧制技术及连轧自动化国家重点实验室在高合金材料热加工图及组织演变研究方面的最新进展。报告中首先介绍了材料热加工研究方面的模型、加工图的应用分析方法，以及加工图理论与技术方面存在的问题。接着介绍了主要研究工作：基于 DMM 的稳定性的应用比较分析及相似性与统一性证明、基于 MATLAB GUI 的加工图软件的开发、基于 MATLAB GUI 的加工图软件在不同材料中适用性的验证和高合金材料热加工性能及组织演变。本研究报告为加工图失稳理论的选择提供了理论依据，同时还提供了精确、可靠、简单的加工图制作方法。

本报告可供材料加工工程和机械加工领域的科技人员及高等院校相关专业的师生参考。

## 图书在版编目（CIP）数据

高合金材料热加工图及组织演变/轧制技术及连轧自动化国家
重点实验室（东北大学）著 . —北京：冶金工业出版社，2015.10
（RAL·NEU 研究报告）
ISBN 978-7-5024-7027-2

Ⅰ.① 高…　Ⅱ.①轧…　Ⅲ.①合金—热加工　Ⅳ.①TG306

中国版本图书馆 CIP 数据核字（2015）第 237132 号

出 版 人　谭学余
地　　　址　北京市东城区嵩祝院北巷 39 号　邮编　100009　电话　（010）64027926
网　　　址　www.cnmip.com.cn　电子信箱　yjcbs@cnmip.com.cn
策　　　划　任静波　责任编辑　卢 敏　夏小雪　美术编辑　彭子赫
版式设计　孙跃红　责任校对　卿文春　责任印制　李玉山
ISBN 978-7-5024-7027-2

冶金工业出版社出版发行；各地新华书店经销；三河市双峰印刷装订有限公司印刷
2015 年 10 月第 1 版，2015 年 10 月第 1 次印刷
169mm×239mm；7.75 印张；121 千字；107 页
**46.00 元**

冶金工业出版社　投稿电话　（010）64027932　投稿信箱　tougao@cnmip.com.cn
冶金工业出版社营销中心　电话　（010）64044283　传真　（010）64027893
冶金书店　地址　北京市东四西大街 46 号（100010）　电话　（010）65289081（兼传真）
冶金工业出版社天猫旗舰店　yjgycbs.tmall.com
（本书如有印装质量问题，本社营销中心负责退换）

# 研究项目概述

## 1. 研究项目背景与立题依据

材料的可加工性是机械加工的一个重要工程参数，它是材料在塑性变形过程中不发生破坏的变形能力。材料的可加工性分为两个独立的部分，即应力状态可加工性（State Of Stress workability，SOS workability）和内在可加工性（Intrinsic workability）。应力状态可加工性主要通过施加的应力与变形区的几何形状来控制。因此，它主要针对于机械加工过程，而与材料特性无关。内在可加工性则依赖于合金成分以及先前加工历史决定的微观组织和在加工过程中对温度、应变速率和应变等参数的响应。

加工图是一种描述材料可加工性好坏的图形，通过 $T$ 和 $\dot{\varepsilon}$ 为坐标轴绘制而成的加工图来显示材料塑性变形的稳定区域和失稳区域中的加工条件（工艺参数），最终目的是在制造环境中可重复的基础上生产出没有宏观和微观缺陷的具有特定组织和性能的部件。

加工图根据基于的数学模型主要分为三类：第一类是基于原子模型的加工图，例如 Ashby 和 Frost 的变形机制图（Ashby-Frost Deformation Map）和 Raj 图；第二类是基于动态材料模型和修正动态材料模型的加工图；第三类是基于极性交互模型的加工图。

加工图理论与技术的提出和发展是对材料热加工的传统研究方法的突破和创新，它在避免热加工缺陷的产生，改善和提高材料的可加工性能，控制材料热加工微观组织、性能和变形机理等方面不失为一种先进的理论研究方法，对实际零件的热加工工艺制定和优化，提高实际零件的产品质量和可靠性，降低产品不合格率，提高生产效率等方面具有重要的应用价值。

尽管如此，加工图理论与技术仍然存在不完善的地方，主要有以下两个方面：

（1）加工图的理论研究方面。用于加工图的稳定判据和失稳判据有多种形式，且每种判据的有效性均在某些材料中得到了验证，但不同的判据在研究某一种材料的热加工时有时会出现不一致的结果。目前不存在一个适用于任何材料的判据，单单依靠某一种判据并不一定能够得出正确的预测结果。因此，研究某一个具体条件下的材料加工时，选择哪种判据形式需要慎重考虑。不少学者采用加工图技术研究材料可加工性时，往往需要采用多种判据进行比较分析，这个给研究带来一定的麻烦。因此，需要探究比较分析各类判据的适用性，探讨基于相同理论的判据之间存在的联系，为加工图失稳理论的选择提供理论依据。

（2）加工图应用技术方面。目前，构建加工图的方法很多，国内外应用较多的是加工图的制作方法，多采用常规方法，即利用等温恒变形速率压缩试验数据计算出制作加工图的各类参数，然后把计算结果输入绘图软件（Origin 或者 Suffer）中，最终制作出所需要的加工图。而在实际的实验过程中获得的热模拟数据较少，必须通过插值计算获得中间温度、应变速率以及对应的应力值以满足计算精度。对于人工方法，要实现高阶插值计算，过程极为繁琐。此外，加工图理论中应用较广的 Murty 判据，公式中含有积分项，计算过程复杂，这也在一定程度上限制了 Murty 失稳判据的推广。不合理的数值计算方法对研究结果的准确性有较大的影响。因此，选择精确、可靠、简单的加工图制作方法将有助于加工图技术的推广和应用。

## 2. 研究进展与成果

（1）对基于 DMM 的失稳判据和稳定判据以及 Montheillet 判据在不同材料中的应用进行了比较与分析；对基于 Ziegler 塑性流变理论的 Prasad 失稳判据和 Murty 失稳判据进行了相似性证明，并指出和分析了两种判据存在差异的原因；对基于 Lyapunov 函数稳定性准则 Gegel 稳定判据和 Malas 失稳判据进行了统一性证明。得出结论如下：

1）推导出基于 Ziegler 塑性流变理论的 Prasad 失稳判据的另一种形式：

$$\xi(\dot{\varepsilon}, T) = \frac{\partial m}{\partial \ln \dot{\varepsilon}} + m^2 + m^3 < 0$$

2）通过详细的推导证明了 Prasad 失稳判据和 Murty 失稳判据的相似性，

并采用 IN718 合金的实验数据验证了这一结论。结论指出基于两种失稳判据表达式中的参数 $\eta_{MDMM}$ 和 $m$ 是产生失稳图上移现象的根本原因。

3）基于 Lyapunov 函数稳定性准则 Gegel 稳定判据和 Malas 失稳判据是统一的。

（2）简单介绍了国外两套用于加工图研究的软件系统，详细介绍了制作加工图的解析法和数值计算法的具体思路和优缺点。介绍了基于 MTALAB GUI 的加工图软件 Processing Map Software 的理论基础、软件模块、软件功能，并基于 PMS 采用 6061 铝合金的应力-应变速率对软件的部分功能进行了展示。

（3）验证了基于 MATLAB GUI 加工图软件在高温合金、粉末冶金材料、镁合金、双相不锈钢、金属基复合材料、铝合金、钛合金以及棒材热轧工艺中的适用性，同时也验证了基于 Prasad 失稳判据和 Murty 失稳判据相似性证明的正确性，并针对部分文献中加工图的构建与分析存在的问题进行进一步的分析和讨论。通过在高温镍基合金 IN600、Nimonic AP-1 高温合金、Mg-11.5Li-Al 合金、双相不锈钢 00Cr22Ni1Mo017N、粉末冶金 2124 Al-20 Vol.% SiCₚ金属基复合材料、铝合金 Al-Mg-Si 和钛合金 Ti53311S 等不同类型材料中的验证，基于 MATLAB GUI 加工图软件的加工图能准确直观地反映出材料在不同变形条件下的组织演变规律，为研究材料的热变形工艺提供了更为便捷有效的方法。和文献中的加工图相比，加工图软件具有精确的预测效果和广泛的适用性。第 2 章中推导的基于 Prasad 失稳判据和 Murty 失稳判据相似性证明是正确的，与所应用的材料无关。

（4）以 AISI 420 马氏体不锈钢和 800H 铁镍基耐蚀合金的热模拟实验得到的真应力-真应变曲线数据为基础，建立了基于 DMM 模型的热加工图。通过热加工图，确定了在不同应变下的加工安全区和失稳区，并结合微观组织的观察和分析，主要结论如下：

1）通过基于动态材料模型的理论，建立了 AISI 420 钢在应变量为 0.3、0.4、0.5 和 0.6 的热加工图，该加工图给出了最佳的热连轧变形参数范围，同时也给出了热加工的失稳变形区范围。分析了钢在真应变为 0.6 时，热加工图中最佳变形区域，该区域主要处在高温低应变速率下，容易发生动态再结晶；同时应用金相组织照片，分析了加工图中不适合变形的区域及该区域主要存在的一些组织缺陷。

2）在温度为 975 ~ 1100℃，应变速率为 0.01 ~ 0.3s⁻¹的区域内，800H 合金发生了 DRX。在该变形条件区域内，功率耗散系数值在 35% ~ 48% 之间，热变形后的组织细小且均匀。因此，该区域内的热变形条件可用于指导 800H 合金热加工工艺参数的制定。

## 3. 论文

（1）Cao Yu, Di Hongshuang, Zhang Jiecen, Yang Yaohua. Dynamic behavior and microstructural evolution during moderate to high strain rate hot deformation of a Fe-Ni-Cr alloy(alloy 800H)［J］. Journal of Nuclear Materials, 2015(456)：133 ~ 141.

（2）Cao Y, Di H S, Misra R D K, Zhang Jiecen. Hot Deformation Behavior of Alloy 800H at Intermediate Temperatures：Constitutive Models and Microstructure Analysis［J］. Journal of Materials Engineering and Performance, 2014.

（3）Jiang Guangwei, Zhang Jiecen, Cao Yu, Di Hongshuang. The Pricipitation Behavior of Ferritic-rolled and Batch-annealed High Strength Interstitial Free Steel (Keynote)［C］. The 11th Asia-Pacific Conference on Materials Processing, Auckland New Zealand, July 6 ~ 9, 2014.

（4）Di Hongshuang, Cao Yu, Zhang Jiecen, Yang Yaohua. Dynamic behavior and constitutive modeling of AISI 420 stainless steel at elevated temperature［C］. The 11th Asia-Pacific Conference on Materials Processing, Auckland New Zealand, July 6 ~ 9, 2014.

（5）张洁岑，邸洪双，蒋光炜，曹宇. 退火温度对含磷高强 IF 钢 FeTiP 析出行为的影响［J］. 东北大学学报，2014,(35)10：1404 ~ 1407.

（6）蒋光炜，王春柳，曹宇，邸洪双. 连续退火工艺对 250P 钢组织性能的影响［J］. 东北大学学报，2014,(35)10：1408 ~ 1411, 1472.

（7）Cao Y, Di H S, Misra R D K. Dynamic Recrystallization Behavior of AISI 420 Stainless Steel under Hot Compression ［J］. High Temp. Mater. Proc, 2014.

（8）Zhang Jiecen, Cao Yu, Jiang Guangwei, Di Hongshuang. Effect of Annealing Temperature on the Precipitation Behavior and Texture Evolution in a Warm-

Rolled P-Containing Interstitial-Free High Strength Steel[J]. Acta Metall. Sin. (Engl. Lett.), 2014, 27(3):395~400.

(9) Pan Enbao, Di Hongshuang, Jiang Guangwei, Bao Chengren. Effect of Heat Treatment on Microstructures and Mechanical Properties of Hot-Dip Galvanized DP Steels[J]. Acta Metall. Sin. (Engl. Lett.), 2014, 27(3):496~475.

(10) Cao Yu, Di Hongshuang, Misra R D K. The impact of aging pre-treatment on the hot deformation behavior of alloy 800H at 750℃[J]. Journal of Nuclear Materials, 2014(452):77~86.

(11) Cao Yu, Di Hongshuang, Misra R D K, Yi Xiao, Zhang Jiecen, Ma Tianjun. On the hot deformation behavior of AISI 420 stainless steel based on constitutive analysis and CSL model[J]. Materials Science & Engineering A, 2014(593):111~119.

(12) Zhang Jingqi, Di Hongshuang, Mao Kun, Wang Xiaoyu, Han Zhijie, Ma Tianjun. Processing maps for hot deformation of a high-Mn TWIP steel: A comparative study of various criteria based on dynamic materials model[J]. Materials Science & Engineering A, 2013(587):110~122.

(13) Cao Yu, Di Hongshuang, Zhang Jingqi, Zhang Jiecen, Ma Tianjun, Misra R D K. An electron backscattered diffraction study on the dynamic recrystallization behavior of a nickel-chromium alloy (800H) during hot deformation[J]. Materials Science & Engineering A, 2013(585):71~85.

(14) Jiang Guangwei, Di Hongshuang, Cao Yu, Zhang Zhongwei, Wang Yafei. Flow stress prediction for B210P steel at hot working conditions[C]. The 11th international conference on numerical methods in industrial forming processes[A], AIP Conf. Proc., 630~636.

(15) Zhang Jingqi, Di Hongshuang, Wang Xiaoyu, Deformation Heating and Its Effect on the Processing Maps of Ti-15-3 Titanium Alloy[C]. 4th International conference on Manufacturing Science and Engineering (ICMSE 2013)[A],58~64 (Advanced Materials Research, 2013(712~715):58~64).

(16) Zhang Jingqi, Di Hongshuang, Wang Xiaoyu, Cao Yu, Zhang Jiecen, Ma Tianjun. Constitutive analysis of the hot deformation behavior of Fe-23Mn-2Al-

0.2C twinning induced plasticity steel in consideration of strain[J]. Materials and Design, 2013(44):354~364.

（17）曹宇，邸洪双，张敬奇，马天军，张洁岑. 800H 合金热变形行为及热加工性能研究[J]. 金属学报，2013，49(7):811~821.

（18）Di Hongshuang, Zhang Jingqi, Wang Xiaoyu. On the constitutive modeling of the hot deformation behavior of a high-Mn twinning-induced plasticity steel [C]. The 8th Pacific Rim International Congress on Advanced Materials and Processing, Waikoloa Hawaii USA, August 4~9, 2013: 2893~2900.

（19）曹宇，邸洪双，张敬奇，马天军. 800H 合金静态软化行为及其亚结构演变[J]. 材料科学与工艺，2013，21(3):95~104.

（20）张洁岑，邸洪双，蒋光炜，曹宇，杨耀华，王晓瑜. 高强 IF 钢铁素体区热轧退火板的织构演变[C]. 第十三届机械工程学会塑性工程分会年会论文集. 武汉，2013: 385~388.

（21）张中炜，邸洪双，曹宇，蒋光炜. 铁素体区开轧温度对含磷高强IF 钢组织性能影响[C]. 第十三届机械工程学会塑性工程分会年会论文集. 武汉，2013: 389~392.

（22）蒋光炜，邸洪双，曹宇，王春柳，王亚飞. B250P 钢冷轧变形抗力模型[C]. 第十三届机械工程学会塑性工程分会年会论文集. 武汉，2013: 381~384.

（23）曹宇，邸洪双，易啸，杨耀华，张洁岑. 2Cr13 马氏体耐热钢时效处理中碳化物析出行为[C]. 第十三届机械工程学会塑性工程分会年会论文集. 武汉，2013: 53~56.

（24）曹宇，邸洪双，张洁岑，张敬. 800H 合金再结晶行为研究[J]. 金属学报，2012，48(10):1175~1185.

（25）曹宇，邸洪双，马天军，张敬奇. 800H 合金热变形研究[J]. 东北大学学报，2012，33(2):213~217.

（26）秦小梅，邸洪双，陈礼清，邓伟. TWIP 钢 Fe-23Mn-2Al-0.2C 的组织及拉伸变形机制[J]. 材料热处理学报，2012，33(1):94~98.

（27）Zhang Jingqi, Di Hongshuang, Wang Hongtao, Mao Kun, Ma Tianjun, Cao Yu. Hot deformation behavior of Ti-15-3 titanium alloy: a study using

processing maps，activation energy map，and Zener-Hollomon parameter map［J］. J Mater Sci，2012.

（28）Wang Donghong，Zhang Xiaoming，Di Hongshuang. Synthetic Control of Strip Shape Defects for UCM Tandem Mill ［J］. Advanced Materials science，2012(05):22 ~ 24，29.

（29）秦小梅、陈礼清、邸洪双、邓伟. 变形温度对 Fe-23Mn-2Al-0. 2C TWIP 钢变形机制的影响［J］. 金属学报，2011，47(9):1117 ~ 1122.

（30）秦小梅、陈礼清、邸洪双、邓伟. 应变速率对 TWIP 钢 Fe-23Mn-2Al-0. 2C 组织和性能的影响［J］. 材料研究学报，（排版）.

（31）秦小梅、陈礼清、邓伟、邸洪双. 30Mn20Al3 无磁钢加工硬化行为和组织变化［J］. 东北大学学报（自然科学版），2011，32(5):662 ~ 666.

（32）Qin Xiaomei，Chen Liqing，Di Hongshuang. Effect of Process Parameters on Microstructures of 30Mn20Al3 Steel ［J］. Advanced Materials Research，2010(97 ~ 101):378 ~ 381.

## 4. 项目完成人员

| 主要完成人员 | 职　称 | 单　位 |
| --- | --- | --- |
| 邸洪双 | 教授 | 东北大学 RAL 国家重点实验室 |
| 张敬奇 | 博士生 | 东北大学 RAL 国家重点实验室 |
| 曹宇 | 博士生 | 东北大学 RAL 国家重点实验室 |
| 张洁岑 | 博士生 | 东北大学 RAL 国家重点实验室 |
| 马天军 | 博士生 | 东北大学 RAL 国家重点实验室 |
| 王晓瑜 | 硕士生 | 东北大学 RAL 国家重点实验室 |

## 5. 报告执笔人

邸洪双、张敬奇、曹宇。

## 6. 致谢

本研究得到了国家重点基础研究发展规划"973 计划"的资助，项目名称：高性能金属材料控制凝固与控制成型的科学基础，课题名称：金属材料智能制备成型技术的基础研究，专题名称：高合金材料轧制过程中组织性能智能化预测理论与技术，专题编号：2011CB606306-2。在研究工作中得到了项目首席谢建新教授和课题负责人曲选辉教授的大力支持，在此深表感谢。在实验材料方面得到了宝钢特钢公司的大力资助，研究过程中得到东北大学轧制技术及连轧自动化国家重点实验室相关人员的帮助和指导，在此表示感谢。

# 目　　录

# 摘　　要

材料的可加工性是材料在塑性变形中成型能力的重要相关参数。近几十年来,各国学者提出了各种模型和失稳理论来评估材料的热加工性。其中,基于动态材料模型理论的加工图技术被认为是最有应用前景的方法之一,并被广泛应用于设计和优化材料热加工工艺中,以实现微观显微组织和性能的控制。

然而,基于动态材料模型的各种用于制作加工图的判据有多种形式,目前并不存在一个用于预测各种材料热加工过程中流变失稳现象的万能判据。这种情况下,对一种材料而言,材料加工设计者通常需要检验各种失稳理论的适用性来确定材料的加工参数,因此给研究和生产带来很多不便。此外,加工图的制作过程复杂,选择精确、可靠、简便的加工图制作方法有助于加工图技术的应用。

基于以上存在的问题,本书的主要工作内容和结果如下:

(1) 推导出基于 Ziegler 塑性流变理论 Prasad 失稳判据的另一种形式:

$$\xi(\dot{\varepsilon}, T) = \frac{\partial m}{\partial \ln \dot{\varepsilon}} + m^2 + m^3 < 0$$

(2) 对各种失稳理论在不同材料中的应用进行了比较与分析。通过理论推导和实例验证,基于 Ziegler 塑性流变理论的 Prasad 失稳判据和 Murty 失稳判据具有相似性。讨论了基于 Prasad 失稳判据和 Murty 失稳判据失稳图出现的上移现象,通过分析指出功率耗散系数 $\eta$ 和应变速率敏感系数 $m$ 两个参数物理意义的本质区别和不同的计算方法产生上移现象的根本原因。此外,还证明了基于 Lyapunov 理论的 Gegel 稳定判据和 Malas 稳定判据的统一性。研究结论对用于加工图失稳理论的选择提供了理论依据。

(3) 基于 MATLAB GUI 开发出加工图软件——Processing Map Software (PMS)。

（4）通过与文献中高温镍基合金 IN600、Nimonic AP-1 高温合金、Mg-11.5Li-Al 合金、双相不锈钢 00Cr22Ni1Mo017N、粉末冶金 2124 Al-20 Vol.% SiC$_p$ 金属基复合材料、铝合金 Al-Mg-Si 和钛合金 Ti53311S 等不同类型材料的加工图对比，基于 MATLAB GUI 加工图软件的加工图能准确直观地反映出材料在不同热加工变形条件下的组织演变规律。加工图软件（PMS）为研究材料的热变形工艺提供了更为便捷有效的工具，具有精确的预测效果和广泛的适用性。通过不同材料的验证，基于 Prasad 失稳判据和 Murty 失稳判据相似性证明是正确的，与所应用的材料无关。

（5）研究了典型的高合金材料——AlSI 420 马氏体不锈钢和 Incoloy 800H 铁镍基耐蚀合金的热变形行为，建立了基于 DMM 模型的热加工图，结合微观组织的演变特点，对热加工工艺参数进行了优化。

**关键词**：热加工性；动态材料模型；加工图；失稳判据；稳定判据；加工图软件；高合金材料；热变形

# 1 绪 论

## 1.1 材料的可加工性

材料的可加工性是机械加工的一个重要工程参数，它是材料在塑性变形过程中不发生破坏的变形能力。材料的可加工性分为两个独立的部分[1]，即应力状态可加工性（State Of Stress workability，SOS workability）和内在可加工性（Intrinsic workability）。应力状态可加工性主要通过施加的应力与变形区的几何形状来控制。因此，它主要针对于机械加工过程，而与材料特性无关。内在可加工性则依赖于合金成分以及先前加工历史决定的微观组织和在加工过程中对温度、应变速率和应变等参数的响应。

通过拉伸实验可以从两个不同类型的特性表征材料的力学行为：强度特性（例如：屈服强度和极限抗拉强度）和延展特性（例如：伸长率和断面收缩率）。同样，评估材料可加工性的方法包括测量变形抗力（强度）和确定断裂前的塑性变形程度（可延展性）。因此，采用流动应力和各种工艺参数（例如：应变、应变速率、预先加热温度和模具温度）、断裂行为以及表征属于何种合金系统的冶金学相变理论三者可以全面地评估材料的可加工性。然而，评估材料可加工性的重点是测量和预测断裂前的变形极限[2]。加工图是一种描述材料可加工性好坏的图形，通过以 $T$ 和 $\dot{\varepsilon}$ 为坐标轴绘制而成的加工图来显示材料塑性变形的稳定区域和失稳区域中的加工条件（工艺参数），最终目的是在制造环境中可重复的基础上生产出没有宏观和微观缺陷的具有特定组织和性能的部件。

加工图根据基于的数学模型主要分为三类：第一类是基于原子模型的加工图，例如 Ashby 和 Frost 的变形机制图（Ashby-Frost Deformation Map）和 Raj 图；第二类是基于动态材料模型和修正动态材料模型的加工图；第三类是基于极性交互模型的加工图。

加工图理论的发展时间虽然不长，但是已经在钢铁、钛、铝、镁、镍、锆、铜、硅、锌及其合金等金属材料以及复合材料等领域得到推广应用。采用加工图理论分析材料的热变形行为，能准确直观地反映出材料在不同变形条件下的组织演变规律，为研究材料的热变形工艺提供了更为便捷有效的方法。

## 1.2 材料热加工模型

加工图的构建基础是材料热加工模型。加工图对材料模型的要求有以下三个方面[3]：

（1）在工艺参数（例如温度、应力、应变速率等）范围内，能够预测材料的微观变化机制；

（2）选取的材料模型必须和有限元模拟采用的宏观连续介质模型相联系，以便把大塑性流变的连续机制和热加工的微观机制联系在一起；

（3）能够有助于优化加工参数以提高材料的可加工性，同时也可对材料的微观组织结构进行控制。

加工图理论出现到至今，依赖的物理模型依次包括原子模型（Atomic Model）、动态材料模型（Dynamic Materials Model）和极性交互模型（Polar Reciprocity Model）。

### 1.2.1 原子模型

Frost 和 Ashby[4] 率先采用变形机制图来描述材料对加工工艺参数的响应，他们采用归一化的应力值和同系温度为坐标，表明在某个温度—应力区间内某种变形机制起主导作用。这种变形机制图主要适用于低应变速率下的蠕变机制，并已证明对合金设计用处很大。但是一般金属塑性加工是在高于蠕变机制几个数量级的应变速率下进行的，因此通常还有其他不同的显微结构变形机制。纯镍的 Ashby-Frost 变形机制如图 1-1 所示。

考虑到应变速率和温度这两个直接变量，Raj[5] 扩展了 Ashby 和 Frost 的变形机制图的概念，并建立了新的加工图——Raj 图。Raj 图可以显示两种破坏机制的极限变形条件：

（1）在较低变形温度和较高应变速率下，软基体组织硬相处产生的

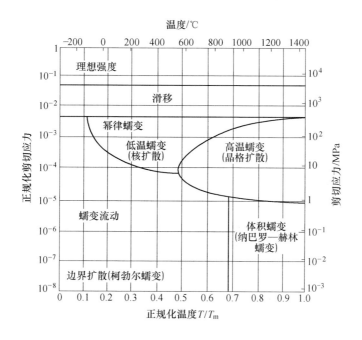

图 1-1 纯镍的 Ashby-Frost 变形机制

空洞；

（2）在较高变形温度和较低应变速率下，三角晶界处产生的楔形裂纹。

此外，在应变速率非常大的情况下产生绝热剪切带已经得到验证。通常情况下，在加工图中还存在一个不存在破坏变形机制、适合加工的安全区域。Raj 利用原子理论和基本参数相结合，建立了纯金属和简单合金的加工图。在给定条件下，一种合金的变形行为与当前的显微组织和先前的热力学历史相关，因此，这种加工图的边界条件变化各异。建立 Raj 图，需要确定大量的基本材料参数，此外有时候复杂合金在加工过程中对加工工艺参数的响应很复杂，无法采用简单的原子模型描述，因此 Raj 图具有一定的局限性。纯铝的 Raj 图如图 1-2 所示。

## 1.2.2 动态材料模型与修正动态材料模型

### 1.2.2.1 动态材料模型

动态材料模型（Dynamic Materials Model，简称 DMM）最早由 Gegel[2] 提

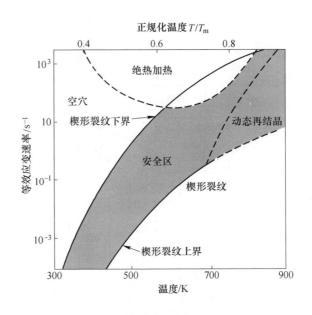

图 1-2 纯铝的 Raj 图

出，用于将高温的材料特性引入有限元模型之中。该模型认为金属加工过程是一个系统[6]。以锻造加工过程为例（如图 1-3 所示），这个系统包括功率源（液压机）、功率储存体（工具，例如：铁砧、挤压杆、模具等）和功率耗散

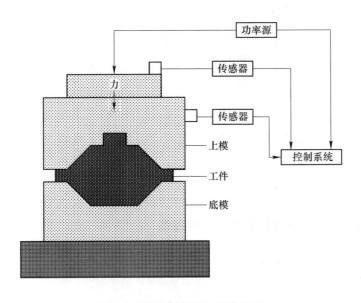

图 1-3 锻造过程的各系统单元

体（工件）三部分。功率由液压机产生，传输给储存能量工具，进而通过工具界面（润滑剂）传递给工件，最后工件通过塑性变形而耗散功率。

在热加工过程中，工件被认为是一个非线性的功率耗散体，将外界输入变形体的功率消耗。其主要体现在以下两个方面：

（1）材料发生塑性变形消耗的能量（黏塑性热），用 $G$ 表示，称为功率耗散量。其中，大部分能量转化为热能，小部分以晶体缺陷能的形式储存。

（2）材料变形过程中组织演化所耗的能量，用 $J$ 表示，称为功率耗散协量。它表示在变形过程中与组织演化，如动态回复、动态再结晶、内部裂纹（空穴形成和楔形裂纹）、位错、动态条件下的相和粒子的长大、针状组织的球化、相变等有关的功率耗散。

根据 DMM，工件在塑性变形过程中吸收的能量为 $P$，这一过程可以通过式（1-1）表现出来：

$$P = \sigma \cdot \dot{\varepsilon} = G + J = \int_0^{\dot{\varepsilon}} \sigma \mathrm{d}\dot{\varepsilon} + \int_0^{\dot{\sigma}} \dot{\varepsilon} \mathrm{d}\sigma \tag{1-1}$$

两种能量所占比例由材料在一定变形温度和应变下的应变速率敏感指数 $m$ 决定，即：

$$\frac{\mathrm{d}J}{\mathrm{d}G} = \frac{\dot{\varepsilon} \mathrm{d}\sigma}{\sigma \mathrm{d}\dot{\varepsilon}} = \frac{\mathrm{d}(\ln\sigma)}{\mathrm{d}(\ln\dot{\varepsilon})} \approx \frac{\Delta\log\sigma}{\Delta\log\dot{\varepsilon}} = m \tag{1-2}$$

在一定的变形温度和应变条件下，热加工工件所受的应力 $\sigma$ 与应变速率 $\dot{\varepsilon}$ 存在如下动态关系：

$$\sigma = K\dot{\varepsilon}^m \tag{1-3}$$

式中，$K$ 为应变速率为 1 时的流变应力；$m$ 为应变速率敏感指数。

则有：

$$J = \int_0^{\sigma} \dot{\varepsilon} \mathrm{d}\sigma = \int_0^{\sigma} K'\sigma^{1/m} \mathrm{d}\sigma \tag{1-4}$$

式中，$K' = (1/K)^{1/m}$。

综合式（1-4）和式（1-3）得到：

$$J = \left(\frac{m}{m+1}\right)\sigma \cdot \dot{\varepsilon} \tag{1-5}$$

材料系统能量耗散示意图如图 1-4 所示。

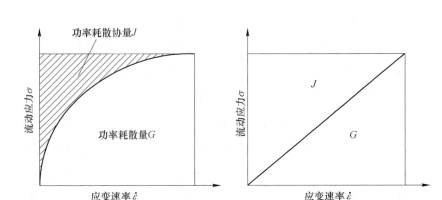

图 1-4 材料系统能量耗散示意图

a—非线性能量耗散图；b—线性能量耗散图

当材料处于理想线性耗散状态，即 $m=1$ 时，功率耗散协量 $J$ 达到最大值 $J_{\max}$ 且 $J_{\max} = \dfrac{\sigma \dot{\varepsilon}}{2} = \dfrac{P}{2}$。

反映材料功率耗散特征的参数 $\eta$ 为功率耗散效率（efficiency of power dissipation），其物理意义是材料成型过程中显微组织演变所耗散的能量同线性耗散能量的比例关系，定义式如下：

$$\eta = \frac{J}{J_{\max}} \tag{1-6}$$

$$\eta = \frac{J}{J_{\max}} = \frac{2m}{m+1} \tag{1-7}$$

$\eta$ 的物理意义是热加工过程的相对内熵产率，表征在不同加工温度和应变速率条件下的耗散微观组织。它随变形温度和应变速率的变化而变化，做出的三维图或者对应的等值线图称为功率耗散图。

### 1.2.2.2 修正动态材料模型

Prasad 认为动态本构方程中 $m$ 是不变的。但是 Murty 等人认为，对于纯金属和合金化低的合金，可简单地认为本构方程 $\sigma = K\dot{\varepsilon}^m$ 中 $m$ 值是恒定的，而对于复杂的合金系统，$m$ 值是不恒定的，会随应变速率变化而变化，因此，式（1-7）不成立。Murty[7] 对动态材料模型进行了进一步修正，提出功率耗

散系数应为:

$$\eta_{MDMM} = \frac{J}{J_{max}} = \frac{P-G}{P/2} = 2\left(1 - \frac{G}{P}\right) = 2\left(1 - \frac{1}{\sigma\dot{\varepsilon}}\int_0^{\dot{\varepsilon}}\sigma\mathrm{d}\dot{\varepsilon}\right) \qquad (1-8)$$

Murty 认为，在应变速率很低（$< \dot{\varepsilon}_{min} = 10^{-3}\mathrm{s}^{-1}$）时，应力-应变速率曲线满足式（1-3），因此功率耗散协量 $G$ 采用以下形式进行计算:

$$G = \int_0^{\dot{\varepsilon}}\sigma\mathrm{d}\dot{\varepsilon} = \int_0^{\dot{\varepsilon}_{min}}\sigma\mathrm{d}\dot{\varepsilon} + \int_{\dot{\varepsilon}_{min}}^{\dot{\varepsilon}}\sigma\mathrm{d}\dot{\varepsilon} = \left(\frac{\sigma\dot{\varepsilon}}{m+1}\right)_{\dot{\varepsilon}=\dot{\varepsilon}_{min}} + \int_{\dot{\varepsilon}_{min}}^{\dot{\varepsilon}}\sigma\mathrm{d}\dot{\varepsilon} \qquad (1-9)$$

### 1.2.2.3 基于 DMM 和 MDMM 的稳定性判据

在材料的热变形过程中，常见的变形机制主要有动态回复、动态再结晶、超塑性、楔形裂纹、空穴形成、晶间裂纹、原始颗粒边界裂纹以及流变失稳等。不同变形机制的功率耗散系数是不同的。动态回复和动态再结晶等安全变形机制具有较高的功率耗散系数值。然而在功率耗散图中，并不是功率耗散值越大，材料的内在加工性就越好[8,9]，比如断裂和空穴形成也具有较高的功率耗散系数。因此，为了区分稳定区域和失稳区域，国外许多学者提出了一些判断材料塑性变形稳定性或不稳定性的判据。目前，应用较多的主要有:基于 Lyapunov 函数稳定性准则的稳定性判据和基于 Ziegler 塑性流变理论的不稳定性判据两大类。

A  基于 Lyapunov 函数稳定性准则的判据

（1）Gegel 稳定判据。Gegel[2]以连续介质力学、热力学以及稳定性理论为基础，结合 Lyapunov 函数 $L(m,s)$，提出了材料稳定性判据:

$$0 < m \leqslant 1 \qquad (1-10)$$

$$\frac{\partial\eta_{DMM}}{\partial\lg\dot{\varepsilon}} < 0 \qquad (1-11)$$

$$s \geqslant 1 \qquad (1-12)$$

$$\frac{\partial s}{\partial\lg\dot{\varepsilon}} < 0 \qquad (1-13)$$

其中:

$$s = -\frac{1}{T}\frac{\partial\ln\sigma}{\partial(1/T)} \qquad (1-14)$$

（2）Malas 稳定判据。Malas[8]采用 Lyapunov 函数稳定性准则，结合 Lya-
punov 函数 $L(m, s)$，构造出类似于 Gegel 判据的另一组稳定性判据：

$$0 < m \leqslant 1 \tag{1-15}$$

$$\frac{\partial m}{\partial \lg \dot{\varepsilon}} < 0 \tag{1-16}$$

$$s \geqslant 1 \tag{1-17}$$

$$\frac{\partial s}{\partial \lg \dot{\varepsilon}} < 0 \tag{1-18}$$

其中：

$$s = -\frac{1}{T} \frac{\partial \ln \sigma}{\partial (1/T)} \tag{1-19}$$

B  基于 Ziegler 塑性流变理论的不稳定性判据

（1）Prasad 失稳判据。Prasad[3]根据 Ziegler 提出的应用于大塑性流变的
不可逆热力学极值原理，假定动态本构方程中 $m$ 是不变的，建立了材料塑性
变形的失稳判据。

当满足式（1-20）时：

$$\frac{\mathrm{d}D}{\mathrm{d}\dot{\varepsilon}} < \frac{D}{\dot{\varepsilon}} \tag{1-20}$$

则系统不稳定。

由于功率耗散协量 $J$ 与冶金过程的组织演变有关，于是 Prasad 用 $J$ 代替
$D$ 得到：

$$\frac{\mathrm{d}J}{\mathrm{d}\dot{\varepsilon}} < \frac{J}{\dot{\varepsilon}} \tag{1-21}$$

所以：

$$\frac{\partial \ln J}{\partial \ln \dot{\varepsilon}} < 1 \tag{1-22}$$

又当 $m$ 为常数时：

$$J = \int_0^\sigma \dot{\varepsilon} \mathrm{d}\sigma = \frac{m\sigma\dot{\varepsilon}}{1+m} \tag{1-23}$$

对上式两边取对数，并对 $\ln\dot{\varepsilon}$ 求偏导可得：

$$\frac{\partial \ln J}{\partial \ln \dot{\varepsilon}} = \frac{\partial \ln\left(\frac{m}{m+1}\right)}{\partial \ln \dot{\varepsilon}} + \frac{\partial \ln \sigma}{\partial \ln \dot{\varepsilon}} + 1 \tag{1-24}$$

综合式（1-22）~式（1-24）可得流变失稳准则为：

$$\xi_{\mathrm{P}}(\dot{\varepsilon}, T) = \frac{\partial \ln\left(\frac{m}{m+1}\right)}{\partial \ln \dot{\varepsilon}} + m < 0 \tag{1-25}$$

（2）Murty 失稳判据。基于这种情况，Murty 等人在研究镍基超合金的 IN718[7] 和 6061-10Vol% $Al_2O_3$ 复合材料[10] 的热变形时，推导了一种适合任何应力-应变速率曲线的失稳区判据。

功率耗散协量 $J = \int_0^\sigma \dot{\varepsilon} \mathrm{d}\sigma$ 的微分形式为：

$$\mathrm{d}J = \dot{\varepsilon}\mathrm{d}\sigma = \dot{\varepsilon}\frac{\mathrm{d}\sigma}{\mathrm{d}\dot{\varepsilon}}\mathrm{d}\dot{\varepsilon} = \frac{\dot{\varepsilon}}{\sigma} \cdot \frac{\mathrm{d}\sigma}{\mathrm{d}\dot{\varepsilon}}\sigma\mathrm{d}\dot{\varepsilon} = m\sigma\mathrm{d}\dot{\varepsilon} \tag{1-26}$$

不稳定条件式（1-21）对于任意类型的应力-应变速率曲线可以写为：

$$\frac{\dot{\varepsilon}}{J}\frac{\partial J}{\partial \dot{\varepsilon}} < 1 \Rightarrow \frac{\dot{\varepsilon}}{J}m\sigma < 1 \Rightarrow \frac{P}{J}m < 1 \tag{1-27}$$

由于：

$$\eta = \frac{J}{J_{\max}} = \frac{2J}{P} \tag{1-28}$$

因此得到适合任何应力-应变速率曲线的失稳区判据为：

$$\xi_{\mathrm{M}}(\dot{\varepsilon}, T) = \frac{P}{J}m - 1 = \frac{2m}{\eta} - 1 < 0 \tag{1-29}$$

（3）Babu 失稳判据。Babu 等人[11] 在 Murty 失稳判据的基础上，推导出适合任何应力-应变速率曲线的失稳区判据。

将 Murty 失稳判据写成如下形式：

$$Pm - J < 0 \tag{1-30}$$

不等式两边同时对 $\dot{\varepsilon}$ 求偏导，可以得到：

$$\frac{\partial m}{\partial \dot{\varepsilon}}\sigma\dot{\varepsilon} + m\frac{\partial \sigma}{\partial \dot{\varepsilon}}\dot{\varepsilon} + m\sigma - \frac{\partial J}{\partial \dot{\varepsilon}} < 0 \tag{1-31}$$

根据式（1-29），上式可以写成：

$$\frac{\partial m}{\partial \dot{\varepsilon}} \sigma \dot{\varepsilon} + m \frac{\partial \sigma}{\partial \dot{\varepsilon}} \dot{\varepsilon} + 0 < 0 \Rightarrow \frac{\partial m}{\partial \ln \dot{\varepsilon}} \sigma + m \frac{\partial \sigma}{\partial \ln \dot{\varepsilon}} < 0 \tag{1-32}$$

不等式（1-31）两边同时除以 $\sigma$，便得到：

$$\xi_B(\dot{\varepsilon}, T) = \frac{\partial m}{\partial \ln \dot{\varepsilon}} + m^2 < 0 \tag{1-33}$$

### 1.2.3 极性交互模型

动态材料模型理论考虑了工件在热加工过程中最重要的特征，即应变速率对流变应力的依赖关系，然而却没有考虑到应变历史对热加工工艺制度的影响。对于具有应变速率不敏感的流变行为金属材料，加工历史的依赖性是一个基本的特征。因此，在可以观察到应变速率相关流变的热加工温度下，这种历史相关性可能很小但不能忽略。

Rajagopalachary 和 Kutumbarao[12]根据 Hill 的塑性关联流动法则，提出了极性交互模型（Polar Reciprocity Model，简称 PRM）来描述材料的高温变形行为。该模型考虑到了流变应力与加工历史的依赖关系，同时还认为流变应力对速率的依赖性是工件热加工过程主要的流变特征。该模型将功率分成两部分：一部分为硬化功率，用 $\dot{W}_H$ 表示，另一部分为耗散功率，用 $\dot{W}_D$ 表示。定义一个基于硬化功率 $\dot{W}_H$ 的内在热加工性参数 $\xi$，有：

$$\xi = \frac{\dot{W}_H}{\dot{W}_{H_{min}}} - 1 \tag{1-34}$$

在 PRM 中，Rajagopalachary 等人采用如下的本构方程：

$$S = H(E^P) + CF(\dot{E}^P) \tag{1-35}$$

式中，$H(E^P)$ 和 $C$ 是两个与应变历史相关的函数。

其中：

$$H(E^P) = S \frac{\int_0^{E_1} S dE - \int_0^{E_1} S_{min} dE}{\int_0^{E_1} S dE} \tag{1-36}$$

当两个凸状势函数之间存在极性交互时，则有：

$$H(E^P) = (E^P)^{m'} \tag{1-37}$$

式中，$m'$ 为修正的应变速率敏感系数。

由式（1-34）~ 式（1-37）可以得到：

$$\xi = 1 - \left(\frac{S - S_b}{S}\right)\left(\frac{2m'}{m' + 1}\right) \tag{1-38}$$

Rajagopalachary 等人[13]采用基于 PRM 加工图理论研究了工业纯钛以及 TB5、IMI685、TB9 和 Ti-15333 等钛合金的热变形行为，根据二维和三维加工图得出以下重要结论：

（1）晶界的产生、转动及迁移会在加工图中产生"盆地"区域，这些区域对应着超塑性、层状相球化处理以及动态再结晶等安全变形机制。

（2）晶粒长大会导致 $\xi$ 的值大幅度增加，材料的内在热加工性下降。流变失稳也会产生绝热剪切以及断裂现象，在加工图中对应着"山峰"区域。一些显微现象的典型 $\xi$ 值见表 1-1。

表 1-1　一些显微现象的典型 $\xi$ 值

| 微观现象 | $\xi$ 值 |
| --- | --- |
| 断裂、剪切带、绝热剪切带、晶粒长大、动态应变时效 | $0.8 \sim 1.0$ |
| 晶界处空穴产生、动态回复、动态再结晶 | $0.7 \sim 0.8$ |
| 动态回复、动态再结晶、晶粒收聚、组织软化、超塑性 | $0.5 \sim 0.7$ |
| 超　塑　性 | $< 0.5$ |

Rajagopalachary 认为：当 $\xi$ 趋近于 1 时是失稳情况。因此，在基于 PRM 理论的加工图中，不需要区分稳定和失稳区域的判据。Rajagopalachary 还指出 PRM 是采用连续近似的方法，具有在多相复合材料中重新表述的可能性。

Murty 等人[14]研究了 DMM 和 PRM 之间的关系，认为在 PRM 中，$\dot{W}_{H_{min}} = \sigma\dot{\varepsilon}/2$，因此有：

$$\eta = \frac{J}{J_{max}} = \frac{P - G}{J_{max}} = 2 - \frac{2G}{\sigma\dot{\varepsilon}} \tag{1-39}$$

$$\xi = \frac{\dot{W}_H}{\dot{W}_{H_{min}}} - 1 = \frac{2G}{\sigma\dot{\varepsilon}} - 1 \tag{1-40}$$

于是：

$$\eta + \xi = 1 \tag{1-41}$$

Murty 等人采用纯钛在流变应力数据证明了功率耗散系数 $\eta$ 和内在热加工性系数 $\xi$ 在不同应变速率下呈线性关系，如图 1-5 所示。

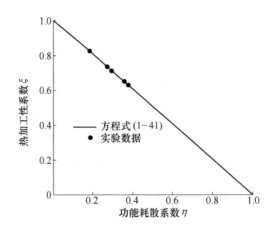

图 1-5　功率耗散系数 $\eta$ 和内在热加工性系数 $\xi$ 在
不同应变速率下的关系

对于基于 PRM 模型的失稳理论，Murty 认为当 $\xi$ 趋近于 1 时，就意味着 $J = 0$，从而 $G = P$，这种情况下，输入系统的能量全部以热的形式耗散，从而会通过一个像绝热剪切的连续过程造成塑性失稳。他认为定性判据 $\xi \to 1$ 不足以作为描述所有流变失稳的判据。

### 1. 2. 4　Montheillet 判据

Montheillet 和 Jonas[15] 对动态材料模型（DMM）提出了质疑，认为 DMM 中的功率耗散量 $G$ 和功率耗散协量 $J$ 分别类似于 R. Hil 提出的弹性材料中的应变能密度 $U$ 和供给能密度 $V$，而 $U + V$ 并不代表一个具体的物理量，因此，$G + J$ 从物理学角度无法得到合理的解释。他们建议采用应变速率敏感系数 $m$ 而不是基于功率耗散协量 $J$ 推导出来的系数 $\eta$ 作为判断材料流变的依据。

Montheillet 和 Jonas 根据前人提出的一系列塑性失稳理论，认为应变速率敏感系数 $m$ 是与流变失稳直接相关的参数，$m$ 值越大，流变失稳的几率越低。

### 1.2.5 基于 Ziegler 塑性流变理论的讨论

Murty[16]讨论了当式（1-20）中 $D$ 分别等于 $P$、$G$ 和 $J$ 三种情况。

情况 1：当 $D = P$ 时，

$$\frac{\mathrm{d}P}{\mathrm{d}\dot{\varepsilon}} < \frac{P}{\dot{\varepsilon}} \Rightarrow \dot{\varepsilon}\frac{\partial\sigma}{\partial\dot{\varepsilon}} + \sigma < \sigma \Rightarrow m < 0 \tag{1-42}$$

式（1-42）即为 Montheillet 判据。

情况 2：当 $D = G$ 时，

$$\frac{\partial G}{\partial\dot{\varepsilon}} < \frac{G}{\dot{\varepsilon}} \Rightarrow \sigma\dot{\varepsilon} < G \Rightarrow P < G \Rightarrow J < 0 \Rightarrow \eta < 0 \Rightarrow \xi > 1 \tag{1-43}$$

式（1-43）即为 Rajagopalachary 和 Kutumbarao 基于 PRM 模型提出的失稳判据。

情况 3：当 $D = J$ 时，

$$\frac{\partial J}{\partial\dot{\varepsilon}} < \frac{J}{\dot{\varepsilon}} \Rightarrow m\sigma < \frac{J}{\dot{\varepsilon}} \Rightarrow mP < J \Rightarrow 2m < 0 \tag{1-44}$$

式（1-44）即为 Murty 失稳判据。

当流变应力满足本构方程 $\sigma = K\dot{\varepsilon}^m$ 时，情况 2 和情况 3 同样可以得到 $m < 0$，即情况 1；如果流变应力不满足本构方程 $\sigma = K\dot{\varepsilon}^m$，当 $m > 0$ 时，$J < 0$ 依然成立。当 $m$ 为较小的正值时，$mP < J$ 也成立，这种情况说明当采用 Montheillet 判据判断为稳定时，而采用基于 PRM 模型的失稳判据和基于修正动态材料模型的 Murty 失稳判据依然为失稳，由此可见基于 PRM 模型的失稳判据和基于修正动态材料模型的 Murty 失稳判据与 Montheillet 判据在预测塑性变形失稳区时相对保守。

## 1.3 加工图的应用分析方法

失稳图叠加到功率耗散图来描述流变稳定性状态的叠加图就称为加工图。

金属材料的加工图存在几个可以安全加工的域，同时可能包含有流变不稳定性状态和可以避免的裂纹等。一般来说，安全域描绘的为原子机制，例如，动态再结晶、动态回复和超塑性等。危险的过程包括在硬微粒处的韧性断裂、楔形断裂、晶间断裂、沿微粒边界断裂等。不稳定过程包括局部流变、绝热撕裂带的形成、流变转动和动态应变时效等。

对于加工图中域的解释主要包括以下几个方面[3]：

（1）动态再结晶区域。通常发生动态再结晶的条件为：在$(0.7 \sim 0.8) T_m$（$T_m$为熔点）的温度区间，对低层错能材料的应变速率范围为$0.1 \sim 1s^{-1}$，对高层错能材料的应变速率范围为小于$0.001s^{-1}$。对低层错能材料的最大耗散效率为30% ~ 35%，中等层错能材料大约为40%，对高层错能材料为50% ~ 55%。从显微组织看，其组织与变形前的组织有很大的差异，并且有弯曲或锯齿形晶界。

（2）超塑性或楔形裂纹区域。该区域产生的条件是：变形温度为$(0.7 \sim 0.8) T_m$，应变速率低于$0.01s^{-1}$。这两种过程都具有很高的能耗效率（大于60%）并且随着应变速率的降低效率急剧上升，在加工图上体现为密集的功率耗散曲线。对于这两种形态的区别主要采用显微组织观察和实验验证的方法，其中楔形裂纹常会发生在晶界的交界处，对于超塑性条件必须用该变形条件区域内材料的高温拉伸实验加以核实。

（3）流变失稳区域。确定流变失稳最直接的方法是观察试样的变形组织，在拉伸条件下，绝热剪切带通常出现在与拉伸轴成45°方向并且会沿着剪切带出现裂纹。由于局部流变出现的带状组织通常与应力方向成35°，而且出现强烈的不均匀变形。

从加工图上看，原则上只要加工参数没有处在非安全区域，那么这种加工工艺都是可行的。为了优化材料的加工性能并控制显微组织，在动态再结晶区域对材料进行加工无疑是最好的选择，此区域功率耗散系数峰值所对应的温度、应变速率是最适宜的加工参数。然而通过上面的分析可知，由于楔形裂纹破坏机制等通常也对应着高功率耗散系数，因此分析加工图需要进一步的显微组织来验证。通过微观组织的检验可以确定这些区域对应的微观变形机制，从而为制定材料的加工工艺提出适宜的加工参数。

## 1.4 目前加工图理论与技术存在的问题

加工图理论与技术的提出和发展是对材料热加工的传统研究方法的突破和创新，它在避免热加工缺陷的产生，改善和提高材料的可加工性能，控制材料热加工微观组织、性能和变形机理等方面不失为一种先进的理论研究方法，对实际零件的热加工工艺制定和优化，提高实际零件的产品质量和可靠性，降低产品不合格率，提高生产效率等方面具有重要的应用价值。

尽管如此，加工图理论与技术仍然存在不完善的地方，主要有以下两个方面：

（1）加工图的理论研究方面。用于加工图的稳定判据和失稳判据有多种形式，且每种判据的有效性均在某些材料中得到了验证，但不同判据在研究某一种材料的热加工时有时会出现不一致的结果[17,18]。目前不存在一个适用于任何材料的判据，单单依靠某一种判据并不一定能够得出正确的预测结果。因此，研究某一个具体条件下的材料加工时，选择哪种判据形式需要慎重考虑。不少学者采用加工图技术研究材料可加工性时，往往需要采用多种判据进行比较分析，这个给研究带来一定的麻烦。因此，需要比较和分析各类判据的适用性，探讨基于相同理论的不同判据之间存在的关系，为加工图失稳理论的选择提供理论依据。

（2）加工图的应用技术方面。目前构建加工图的方法很多，国内外应用较多的是加工图的制作方法，多采用常规方法，即利用等温恒变形速率压缩试验数据计算出制作加工图的所需参数，然后把计算结果输入绘图软件（Origin 或者 Suffer）中，最终制作出所需要的加工图。而在实际的实验过程中获得的热模拟数据较少，必须通过插值计算获得中间温度、应变速率以及对应的应力值以满足计算精度。对于常规方法而言，要实现高阶插值计算，过程极为繁琐。此外，加工图理论中应用广泛的 Murty 失稳判据中含有积分项，计算过程复杂，这也在一定程度上限制了 Murty 失稳判据的进一步推广。不合理的数值计算方法通常对研究结果的准确性有较大的影响。因此，选择精确、可靠、简单的加工图制作方法将有助于加工图技术的应用。

## 1.5 研究背景及研究内容

### 1.5.1 研究背景

本科研项目来自于宝钢股份特殊钢分公司项目：特种金属及合金板带生产工艺技术研究。按国家特钢发展需要和宝钢"十一五"对特钢发展的规划，以市场紧缺的钛及钛合金、高温合金、镍基耐蚀合金、精密合金、特殊不锈钢、合金结构钢、合金工具钢七类钢种为目标，通过生产要素优化配置，在宝钢建设特种金属及合金板带生产线，使其成为我国特种金属及合金板带重要生产基地，以填补国内该领域的空白。

特钢品种繁多，其热变形行为差异很大，因此，采用加工图理论与技术来解决特殊钢的热加工问题，既可以对传统生产中已采用的加工过程进行改进和完善，又可以对新材料和新工艺的加工过程进行优化设计。

## 1.5.2 研究内容

本课题以宝钢"特种金属与合金板带轧制工艺技术"项目为研究背景，基于加工图理论与技术存在的问题，要开展以下四个方面的研究工作：

（1）结合已发表的加工图理论应用实例，比较分析用于评估材料可加工性不同理论的应用范围与效果。探讨基于 Ziegler 塑性流变理论的 Prasad 失稳判据与 Murty 失稳判据之间以及基于 Lyapunov 函数稳定性准则的 Gegel 稳定判据和 Malas 稳定判据之间的关系，为使用加工图理论与技术的研究者对各类判据的选择提供理论依据。

（2）基于各种加工图理论，采用功能强大的 MALAB 软件开发加工图软件，实现精确、可靠、简便的加工图技术，以解决目前加工图应用技术方面存在的问题。

（3）采用已发表的不同类型材料的实验数据，验证基于 MATLAB GUI 的加工图软件的适用性和基于 Ziegler 塑性流变理论的失稳判据理论证明的准确性。

（4）对两种典型高合金材料（AISI 420 马氏体不锈钢和 Incoloy 800H 铁镍基耐蚀合金）的热加工性能进行了研究，建立了基于 DMM 模型的热加工图，并结合微观组织的演变特点，对热加工的峰值区和失稳区进行了分析。

# 2 基于DMM的稳定性的应用比较分析及相似性与统一性证明

## 2.1 引言

1985年之后，基于动态材料模型的研究方向分为两个分支，一个分支是由美国赖特-帕特森空军基地（Wright-Patterson Air Force Base，简称WPAFB）、俄亥俄州立大学和 Universal Energy Systems lnc. 的研究者将 FEM 模拟模型引入 DMM，并开发出叫做 ANTARES 的有限元模型程序代码。其中，最重要的成果之一是基于 Lyapunov 函数稳定性准则提出了塑性加工过程中材料稳定流动的稳定判据，包括 Gegel 稳定判据和 Malas 稳定判据。

另一个分支是，由印度理学院（Indian Institute of Science，简称 IIS）冶金系 Prasad 领衔的研究小组，将加工图理论引入机械加工领域。其重要的研究成果之一是基于 Ziegler 塑性流变理论提出了 Prasad 失稳判据。1997 年，印度 Vikram Sarabhai 航天中心的 Murty 等人针对 Prasad 失稳判据存在的错误和局限性，提出了适用于任何类型应力-应变速率模型的 Murty 失稳判据。2006年，Babu 在 Murty 失稳判据的基础上提出了 Babu 失稳判据。

基于 DMM 理论的材料变形稳定判据和失稳判据有多种形式，虽然每种判据的有效性在某些材料中得到了验证，但不同的判据在研究某一种材料的热加工时有时会出现不一致的结果。

## 2.2 基于DMM的稳定判据、失稳判据和 Montheillet 判据的应用比较分析

高珊[19]应用加工图技术研究了 $D_2$ 钢的高温变形行为，在预测动态再结晶、动态应变时效行为、微观裂纹、宏观裂纹以及不均匀变形时，发现采用 Prasad 失稳判据和 Gegel 稳定判据的预测结果均一致，而采用 Prasad 失稳判据

在预测微观析出现象时却出现失效。根据研究结果，高珊认为在分析组织变化行为时，关于组织和力学稳定性的 Gegel 稳定判据比判断整体稳定性的 Prasad 失稳判据具有更重要的意义。

Cavaliere 等人[20]分别采用 Prasad 失稳判据和 Gegel 稳定判据研究了复合材料 2618/Al$_2$O$_3$/20p 在温度 350 ~ 500℃、应变速率 0.001 ~ 1s$^{-1}$条件下的热加工行为时，也发现 Prasad 失稳判据不能预测到温度 350 ~ 500℃，应变速率为 0.01s$^{-1}$条件下的空穴形成和颗粒破碎现象。Cavaliere 等人认为在研究铝基复合材料时采用 Gegel 稳定判据比 Prasad 失稳判据更有效。基于 DMM 的稳定判据、失稳判据和 Montheillet 判据的应用比较分析，见表 2-1。

**表 2-1　基于 DMM 的稳定判据、失稳判据和 Montheillet 判据的应用比较分析**

| 研究材料 | 选用判据 | 比较结果 | 参考文献 |
| --- | --- | --- | --- |
| D$_2$ 钢 | Prasad 和 Gegel | Gegel > Prasad | [19] |
| 2618/Al$_2$O$_3$/20p 复合材料 | Prasad 和 Gegel | Gegel > Prasad | [20] |
| 6061 +20% Al$_2$O$_3$ 复合材料 | Prasad、Gegel、Murty 和 Montheillet | (Murty、Montheillet) ≥ (Prasad、Gegel) | [29] |
| 钛基复合材料 | Prasad 和 Murty | Murty > Prasad | [34] |
| AISI 304 不锈钢 | Gegel、Malas、Murty、PRM 失稳理论 | Murty > (Gegel、Malas PRM 失稳理论) | [22] |
| ZK60 镁合金 | Gegel、Malas、Prasad 和 Murty | Murty ≥ Malas > (Gegel、Prasad) | [23] |
| 2014-20Vol. % Al$_2$O$_3$ | Malas 和 Prasad | Malas > Prasad (有待 TEM 进一步确认) | [24,25] |
| 镍基超合金 IN718 | Montheillet、PRM 失稳理论和 Murty | Murty ≈ Montheillet ≈ PRM 失稳理论 | [21] |

Murty[21]采用 Montheillet 判据、PRM 失稳理论和 Murty 失稳判据研究了镍基超合金 IN718 的热变形行为。结果表明三种预测结果一致，而 Murty 失稳判据预测到的失稳区域较大，相对 Montheillet 判据、PRM 失稳理论较为保守。然而这种保守有助于材料的生产工艺参数设计，提高材料加工的安全性。

Murty 等人[22]通过 AISI 304 不锈钢的实验数据检验了各种失稳理论的实用性。根据计算结果和显微组织观察，发现 Gegel 稳定判据和 Malas 稳定判据的预测结果一致但都较为保守；PRM 失稳理论预测结果与显微组织观察结果吻合；Murty 失稳判据除了将动态回复预测为失稳现象，其他预测结果均准确。作为 Murty 判据的提出者，Murty 认为 Murty 失稳判据更适用于预测金属热加工时的流变失稳现象。

刘娟等人[23]分别采用 Gegel 稳定判据、Malas 失稳判据、Prasad 失稳判据和 Murty 判据等作出镁合金 ZK60 三维失稳图，结果发现根据 Murty 失稳判据和 Gegel 失稳判据得到的失稳区很相似；而同是基于 Lyapunov 函数稳定性准则的 Gegel 稳定判据和 Malas 稳定判据加工图却不同，刘娟等人认为是这两种稳定判据考虑的因素不同而导致不同的预测结果。经过比较分析，刘娟等人认为 Murty 失稳判据和 Malas 稳定判据是适合 ZK60 镁合金的判据。由于 Murty 判据简单、计算方便，适用于任意类型的流变应力曲线，因此推荐使用此判据。

Radhakrishna 等人[24]采用基于 Prasad 失稳判据的加工图研究了 2014-20% $Al_2O_3$（体积分数）在变形温度范围为 850 ~ 1200℃，应变速率范围为 0.001 ~ 100 $s^{-1}$ 情况下的高温变形行为。研究结果表明，该材料在温度范围为 1100 ~ 1200℃，应变速率范围为 0.01 ~ 1 $s^{-1}$ 会发生超塑性变形，在低温（< 350℃）高应变速率（> 1 $s^{-1}$），存在塑性加工失稳区域。但在实验研究的参数范围内，并未出现动态再结晶区域。

Wang[25]采用 Radhakrishna 的实验数据，基于 Malas 稳定判据建立了加工图并对该材料的高温变形行为进行了重新分析。基于研究结果，Wang 对 Radhakrishna 的研究结论提出了质疑，他认为 Radhakrishna 论文中的研究证据不足以支撑其研究结论。根据基于 Malas 稳定判据的加工图，该材料的最佳工艺参数在温度 450℃和应变速率 0.001 $s^{-1}$ 这一点附近，并认为在变形温度范围为 400 ~ 500℃，应变速率范围为 0.001 ~ 0.1 $s^{-1}$ 会出现动态再结晶，这个结论有待进一步显微组织观察进行确认。

通过基于 DMM 的稳定判据、失稳判据和 Montheillet 判据在不同材料中的应用结果表明：基于 Lyapunov 函数稳定性准则的 Gegel 稳定判据和 Malas 稳定判据与基于 Ziegler 塑性流变理论的 Prasad 失稳判据进行比较时，在预测结果准确性方面前两者要优于后者。而同样是基于 Ziegler 塑性流变理论的 Murty 失稳判据与基于 Lyapunov 函数稳定性准则的 Gegel 稳定判据和 Malas 稳定判据进行比较时，却出现前者优于后两者。Montheillet 判据在塑性加工失稳区域时，通常比较准确。而基于 PRM 失稳理论与基于 DMM 的加工图理论是统一的。因此，各类判据存在的不一致性通常给采用加工图理论研究材料热变形行为的研究者带来众多不便。

同样是基于 DMM 提出的判据，每一种判据的理论可靠性也一样。Gegel 认为 $m$ 与连续效应或力学稳定性相关，而 $s$ 与材料或者结构的稳定性相关[26]。高珊[19]也认为 $\eta$ 与力学稳定性有关，$s$ 与组织稳定性有关。Gegel 稳定性判据和 Malas 稳定性判据综合考虑了力学稳定性以及组织稳定性，从理论上可靠性较高[17]。此外，参数依赖性 Lyapunov 函数的保守性很大[27,37]，因此某些应用实例中采用两种判据制作的加工图中一般会出现失稳区域较大，预测结果过于保守。Montheillet 判据避开了受争议的动态材料模型，直接采用应变速率敏感系数 $m$ 来预测材料加工性的好坏，根据"$m$ 的值越大，发生流变失稳的可能性就越小"这一结论进行定性的判断。这种方法简洁方便，然而对于高 $m$ 值和低 $m$ 值之间的过渡区域是否"安全"以及"安全区域"与"失稳区域"边界的确定等问题无法做出判断。因此，Montheillet 判据在预测失稳区的保守性最小。基于 Ziegler 塑性流变理论的 Murty 失稳判据和 Prasad 失稳判据的预测保守性介于上述两者理论之间。

## 2.3 基于 Ziegler 塑性流变理论的失稳判据的应用比较分析与相似性证明

基于 Ziegler 塑性流变理论的失稳判据有 Prasad 失稳判据、Murty 失稳判据和 Babu 失稳判据。三个判据的根本区别在于 Prasad 失稳判据是基于在应力-应变速率曲线符合幂函数条件下推导出来的，而 Murty 失稳判据和 Babu 失稳判据适用于任何形式的变形抗力模型。因此，可以说 Prasad 失稳判据是 Murty 失稳判据和 Babu 失稳判据在材料应力-应变速率曲线满足幂函数情况下的一个特例。然而，部分研究成果则出现分别采用 Prasad 失稳判据和 Murty 失稳判据得出不同，甚至相反的预测结果。

Poletti 等人[29]分别应用 Prasad 失稳判据和 Murty 失稳判据研究了采用和未采用 TiC 颗粒增强的钛基复合材料的热加工性，两种判据作出的加工图差异很大（如图 2-1 和表 2-2 所示）：对于 Ti662 铸态材料，Murty 失稳判据作出的加工图比 Prasad 失稳判据具有更大的失稳区域；对于采用体积分数为 12% 的 TiC 颗粒增强的 CermeTi-C-662 复合材料，采用两种判据作出的加工图几乎是互补的。通过显微组织观察的验证，Poletti 等人认为 Murty 失稳判据作出的

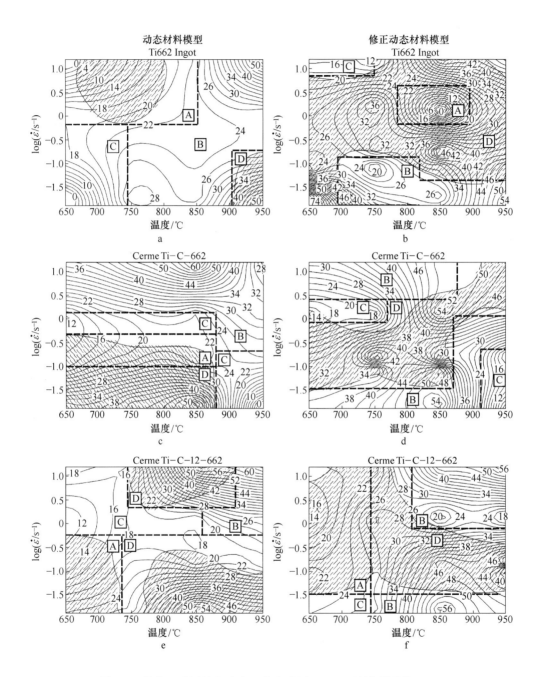

图 2-1　铸态、采用粉末冶金工艺和采用 12% TiC 颗粒增强的 Ti662

（左侧为动态材料模型，右侧为修正动态材料模型，阴影区域为

流变失稳区域，A、B、C 和 D 分别代表如表 2-2 所示的不同流变区域）

判断更能合理地解释材料的高温变形行为。

表 2-2　加工区域

| 区　域 | $\eta < 25\%$ | $\eta > 25\%$ |
|---|---|---|
| 失稳区域 | A | D |
| 稳定区域 | C | B |

Hassani 等人[30]采用 Prasad 失稳判据、Murty 失稳判据等研究了某中碳微合金钢的热变形行为，研究结果表明基于 Prasad 失稳判据和 Murty 失稳判据具有准确的预测效果。然而基于这两种判据的失稳图存在较大的差异，如图 2-2 和图 2-3 所示。

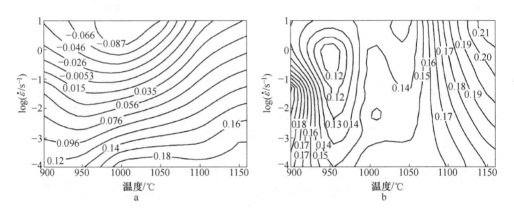

图 2-2　某中碳微合金钢在真应变量为 $\varepsilon = 0.2$ 和 $\varepsilon = 0.6$ 时基于 Prasad 失稳判据的失稳图

a—$\varepsilon = 0.2$；b—$\varepsilon = 0.6$

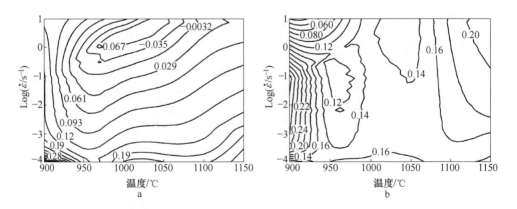

图 2-3　某中碳微合金钢在真应变量为 $\varepsilon = 0.2$ 和 $\varepsilon = 0.6$ 时基于 Murty 失稳判据的失稳图

a—$\varepsilon = 0.2$；b—$\varepsilon = 0.6$

刘娟等人[23]采用建立包含应变的三维加工图方法,分析寻找适合镁合金 ZK60 的失稳判据,研究结果表明,Murty 失稳判据是适合 ZK60 镁合金的判据之一。基于 Prasad 失稳判据和 Murty 失稳判据的三维加工图,如图 2-4 所示。

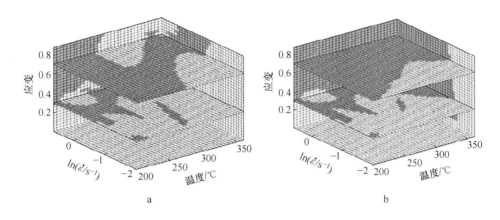

图 2-4　ZK60 基于 Prasad 和 Murty 失稳判据的三维加工图

a—基于 Prasad 失稳判据;b—基于 Murty 失稳判据

Spigarelli[31]分别采用 Prasad 失稳判据、Gegel 稳定判据、Murty 失稳判据以及 Montheillet 判据研究了 $6061 + 20\% \, Al_2O_3$ 复合材料的热加工行为,研究结果表明基于 Prasad 失稳判据和 Murty 失稳判据的加工图(如图 2-5 所示)也

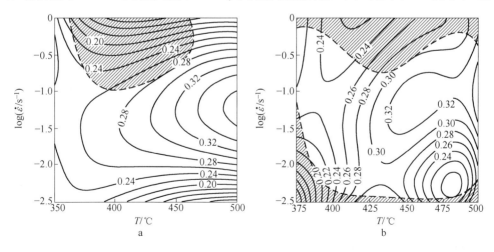

图 2-5　$6061 + 20\% \, Al_2O_3$ 真应变量为 0.5 时基于 Prasad 和 Murty 失稳判据的加工图

a—基于 Prasad 失稳判据;b—基于 Murty 失稳判据

存在较大差异。

同样是基于 Ziegler 塑性流变理论的 Prasad 失稳判据和 Murty 失稳判据，却得不同甚至完全相反的研究结果，这种研究结论值得质疑。因此，需要从理论的角度探索两种判据存在的区别与联系。

将式（1-28）写成如下形式：

$$2m - \frac{J}{J_{\max}} < 0 \qquad (2\text{-}1)$$

或

$$2m - \frac{2J}{P} < 0 \qquad (2\text{-}2)$$

由式两边对 $\dot{\varepsilon}$ 求偏导，可以得到：

$$\frac{\partial m}{\partial \dot{\varepsilon}}\sigma\dot{\varepsilon} + m\frac{\partial \sigma}{\partial \dot{\varepsilon}}\dot{\varepsilon} + m\sigma - \frac{\partial J}{\partial \dot{\varepsilon}} < 0 \qquad (2\text{-}3)$$

功率耗散系数 $J = \int_0^{\sigma} \dot{\varepsilon}\mathrm{d}\sigma$ 的微分形式为：

$$\mathrm{d}J = \dot{\varepsilon}\mathrm{d}\sigma = \dot{\varepsilon}\frac{\mathrm{d}\sigma}{\mathrm{d}\dot{\varepsilon}}\mathrm{d}\dot{\varepsilon} = \frac{\dot{\varepsilon}}{\sigma}\frac{\mathrm{d}\sigma}{\mathrm{d}\dot{\varepsilon}}\sigma\mathrm{d}\dot{\varepsilon} = m\sigma\mathrm{d}\dot{\varepsilon} \qquad (2\text{-}4)$$

根据上式，可以有：

$$\frac{\partial m}{\partial \dot{\varepsilon}}\sigma\dot{\varepsilon} + m\frac{\partial \sigma}{\partial \dot{\varepsilon}}\dot{\varepsilon} < 0 \Rightarrow \frac{\partial m}{\partial \ln\dot{\varepsilon}}\sigma + m\frac{\partial \sigma}{\partial \ln\dot{\varepsilon}} < 0 \qquad (2\text{-}5)$$

式（2-5）两边同除以 $\sigma$，可以得到 Babu 失稳判据：

$$\xi_{\mathrm{B}}(\dot{\varepsilon}) = \frac{\partial m}{\partial \ln\dot{\varepsilon}} + m^2 < 0 \qquad (2\text{-}6)$$

根据链式法则，Prasad 失稳判据可以写为：

$$\xi(\dot{\varepsilon}, T) = \frac{\partial \ln\left(\frac{m}{m+1}\right)}{\partial\left(\frac{m}{m+1}\right)}\frac{\partial\left(\frac{m}{m+1}\right)}{\partial m}\frac{\partial m}{\partial \ln\dot{\varepsilon}} + m < 0 \qquad (2\text{-}7)$$

于是：

$$\xi(\dot{\varepsilon}, T) = \frac{m+1}{m}\frac{1}{(m+1)^2}\frac{\partial m}{\partial \ln\dot{\varepsilon}} + m < 0 \qquad (2\text{-}8)$$

$$\xi(\dot{\varepsilon}, T) = \frac{1}{m(m+1)}\frac{\partial m}{\partial \ln\dot{\varepsilon}} + m < 0 \qquad (2\text{-}9)$$

又由于：

$$G < P \Rightarrow 1 < \frac{\dot{\varepsilon}}{\sigma}\frac{\partial \sigma}{\partial \dot{\varepsilon}} + 1 \Rightarrow \sigma < \dot{\varepsilon}\frac{\partial \sigma}{\partial \dot{\varepsilon}} + \sigma \Rightarrow 1 < \frac{\dot{\varepsilon}}{\sigma}\frac{\partial \sigma}{\partial \dot{\varepsilon}} + 1 \Rightarrow 1 < m+1 \Rightarrow m > 0$$

$$(2\text{-}10)$$

且

$$J \le G \Rightarrow \frac{\mathrm{d}J}{\mathrm{d}G} \le 1 \Rightarrow m \le 1 \qquad (2\text{-}11)$$

则综合式（2-10）和式（2-11），可知 $0 < m < 1$。

因此，Prasad 失稳判据可以写成以下形式：

$$\xi(\dot{\varepsilon}, T) = \frac{\partial m}{\partial \ln\dot{\varepsilon}} + m^2 + m^3 < 0 \qquad (2\text{-}12)$$

通过比较式（2-12）和式（2-6），可以发现，前者比后者多了 $m^3$，由于 $0 < m < 1$，$m^3$ 趋近于 0，可知 $m^3$ 对根据式（2-12）计算的结果影响不大，因此可以推断基于 Prasad 失稳判据、Murty 失稳判据和 Babu 失稳判据的失稳图大致相似。

为了验证推断的结论，采用 Prasad 发表的 IN718 合金的实验数据[32]，分别采用 Prasad 失稳判据、Babu 失稳判据和 Murty 失稳判据做出 IN718 合金在应变量为 0.5 时的失稳图以进一步确认。

失稳图制作过程所需参数的具体计算方法如下：

在一定温度下，对实验数据（温度、变形速率和应力值）进行采用三次样条插值方法以获取更多的实验数据满足计算精度，经过插值获取 1000 × 1000 的二维矩阵，然后将实验数据转化为 log 形式以将计算过程中的舍入误差从 10 的数量级降低为 1 的数量级。根据式（1-2）能够计算出 $m$，根据式（1-7）、式（1-25）和式（1-32）分别可以计算出 $\eta_{\mathrm{DMM}}$、$\xi_{\mathrm{P}}$、$\xi_{\mathrm{B}}$，采用式（1-8）计算 $\eta_{\mathrm{MDMM}}$ 时，其难点在于计算 $G = \int_0^{\dot{\varepsilon}}\sigma\mathrm{d}\dot{\varepsilon}$ 这一积分形式，可以通过梯形法则（如图 2-6 所示）实现。

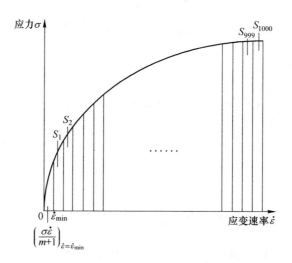

图 2-6 计算 $\eta_{\mathrm{MDMM}}$ 的梯形法则示意图

第一个梯形的面积为：

$$S_1 = \frac{1}{2}(\varepsilon_1 - \varepsilon_{\min}) \times (\sigma_1 - \sigma_{\min}) \tag{2-13}$$

最后一个梯形的面积为：

$$S_{1000} = \frac{1}{2}(\varepsilon_{1000} - \varepsilon_{999}) \times (\sigma_{1000} - \sigma_{999}) \tag{2-14}$$

则所有梯形的总面积（即为 $G$ 的积分值）为：

$$G_s = G_{\min} + \frac{1}{2}(\varepsilon_1 - \varepsilon_{\min}) \times (\sigma_1 - \sigma_{\min}) + \cdots +$$

$$\frac{1}{2}(\varepsilon_{1000} - \varepsilon_{999}) \times (\sigma_{1000} - \sigma_{999}) \tag{2-15}$$

然后根据公式分别计算出 $\eta_{\mathrm{MDMM}}$ 和 $\xi_{\mathrm{M}}$。实验数据的数值计算和等值线图的绘制在 MATLAB 2009 软件上实现。

图 2-7 ~ 图 2-9 所示分别为 IN718 合金在真应变量为 0.8 时基于 Prasad 失稳判据、Babu 失稳判据和 Murty 失稳判据的失稳图。通过比较发现图 2-7 和图 2-8 中所示失稳区和稳定区域除了一些微小细节的差异外，图形的形状基本相同，而和图 2-9 相比，两者的差异较为明显，然而两者所示的失稳区域形状也大致相似。

图 2-10 为基于 Prasad，Babu 和 Murty 三种失稳判据的失稳图的叠加。值

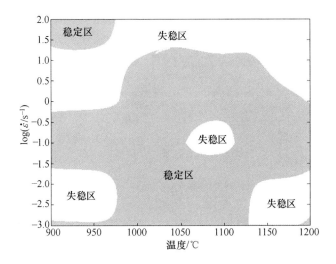

图 2-7 IN718 在真应变量为 0.8 时基于 Prasad 失稳判据的失稳图

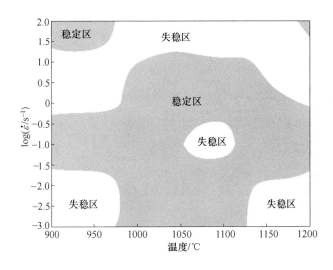

图 2-8 IN718 在真应变量为 0.8 时基于 Babu 失稳判据的失稳图

得注意的是，通过图中曲线位置的比较可以发现，基于 Murty 失稳判据的失稳区与基于 Prasad 失稳判据以及 Babu 失稳判据的失稳图相比，失稳区从低应变速率向高应变速率区域移动了一段距离，移动量为 $0.25\Delta\log\dot{\varepsilon} \sim 0.5\Delta\log\dot{\varepsilon}$。这也与文献［11，34］得出的结果一致。

由于失稳图是参数 $\xi$ 在 $\dot{\varepsilon} - T$ 坐标轴内的等值线图，因此，这种上移现象与三种判据所含参数相关。$\xi_P$ 是基于应变速率敏感系数 $m$，而 $\xi_M$ 是 Murty 失

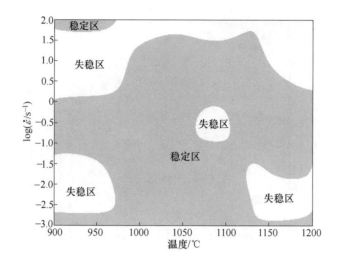

图 2-9 IN718 在真应变量为 0.8 时基于 Murty 失稳判据的失稳图

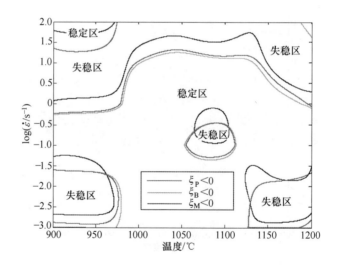

图 2-10 基于 Prasad, Babu 和 Murty 三种失稳判据的失稳图的叠加

稳判据功率耗散系数 $\eta_{MDMM}$ 和应变速率敏感系数 $m$ 两个变量的函数。为了进一步确认上移现象的原因, 采用 IN718 在真应变量为 0.8 时的应变速率敏感系数 $m$ 等值线图、$\eta_{DMM}$ 等值线图和 $\eta_{MDMM}$ 等值线图, 分别如图 2-11 ~ 图 2-13 所示。

通过比较图 2-12 和图 2-13 发现, 两者图形的形状非常相似, 且峰值和低谷在等值线图的坐标系中都处于相同的坐标位置。这主要是在 $0 < m < 1$ 的范

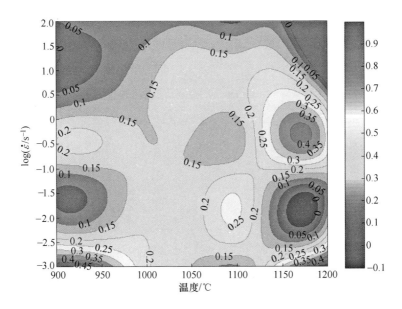

图 2-11 IN718 在真应变量为 0.8 时 $m$ 的等值线图

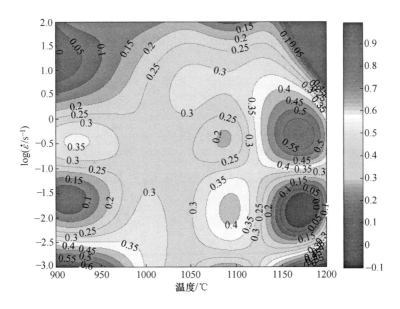

图 2-12 Mg-11.5Li-Al 在真应变量为 0.8 时 $m$ 的等值线图

围内，$\eta_{DMM}$ 和 $m$ 几乎呈线性关系（如图 2-14 所示）。而将图 2-11 与图 2-13 比较，则发现图 2-13 出现了前面所提到的上移现象，文献也得出相同的结果。虽然功率耗散系数 $\eta$ 和应变速率敏感系数 $m$ 都在计算数值上存在一定的关

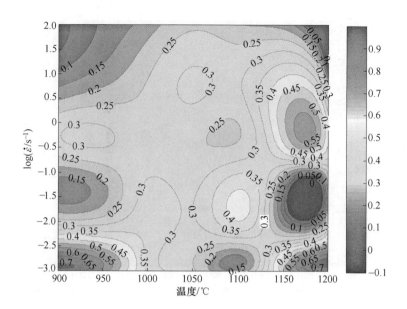

图 2-13　IN718 在真应变量为 0.8 时 $\eta_{\text{MDMM}}$ 等值线图

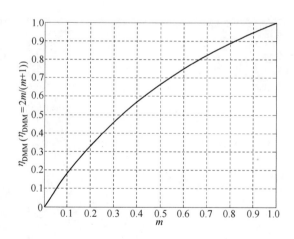

图 2-14　应变速率敏感系数 $m$ 与 $\eta_{\text{DMM}}$ 在 $0 < m < 1$ 范围内的关系

系，然而两者的物理意义则不同，$\eta$ 是与材料微观结构演化相关的相对熵产率，而应变速率敏感系数 $m$ 是塑性变形时材料的流变应力对于应变速率的敏感性参数，亦即当应变速率增大时材料强化倾向的参数，在超塑性变形领域应用广泛。两个参数的物理意义本质区别和不同的计算方法是产生上述讨论差异的根本原因。

## 2.4 基于 Lyapunov 函数稳定性准则的稳定判据的统一性证明

Gegel 稳定判据是基于热力学定理推导出来的，其理论基础较严谨，但是在计算 $\eta_{DMM}$ 时，其前提是应变速率敏感系数 $m$ 是常数，即与应变速率无关，这对某些材料或变形条件未必满足。Malas 稳定判据是在 Gegel 稳定判据的基础上，认为 $m$ 与 $\eta$ 一样，也反映功率 $J$ 和 $G$ 之间的分配情况，并且也满足 Liapunov 函数稳定性理论，故可在 Gegel 稳定判据的基础上用 $m$ 代替 $\eta_{DMM}$。根据图可知在 $0 < m < 1$ 的范围内，$\eta_{DMM}$ 和 $m$ 几乎呈线性关系，因此可以断定 Gegel 稳定判据和 Malas 稳定判据在预测材料稳定区域时大致相同。

将 Gegel 稳定判据的稳定条件之一，即式（1-11）：

$$\frac{\partial \eta_{DMM}}{\partial \ln \dot{\varepsilon}} < 0 \tag{2-16}$$

通过链式准则，上式可以写成：

$$\frac{\partial \left( \dfrac{2m}{m+1} \right)}{\partial m} \frac{\partial m}{\partial \ln \dot{\varepsilon}} < 0 \tag{2-17}$$

于是：

$$\frac{2}{(m+1)^2} \frac{\partial m}{\partial \ln \dot{\varepsilon}} < 0 \tag{2-18}$$

由于 $\dfrac{2}{(m+1)^2} > 0$，所以：

$$\frac{\partial m}{\partial \ln \dot{\varepsilon}} < 0 \tag{2-19}$$

式（2-19）即为 Malas 稳定判据中的稳定条件之一（式（2-16）），因此可以说基于 Lyapunov 函数稳定性准则的 Gegel 稳定判据和 Malas 稳定判据是统一的。

Murty 分别采用 Gegel 稳定判据和 Malas 稳定判据做出了 IN718 合金的加工图[37]，如图 2-15 和图 2-16 所示。通过观察发现基于两种判据的加工图几乎完全一致。需要指出的是，由于 Murty 在绘制基于 Gegel 稳定判据的加工图时，采用了 $\partial \eta_{MDMM} / \partial \ln \dot{\varepsilon} < 0$，而非 $\partial \eta_{DMM} / \partial \ln \dot{\varepsilon} < 0$，因此图中 $\partial \eta_{MDMM} / \partial \ln \dot{\varepsilon} < 0$ 所对应的稳定区较 $\partial m / \partial \ln \dot{\varepsilon} < 0$ 出现了 2.3 节中所讨论的上移现象。

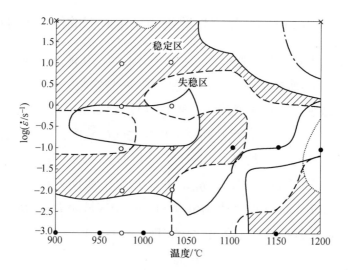

图 2-15　基于 Gegel 稳定判据 IN718 的加工图

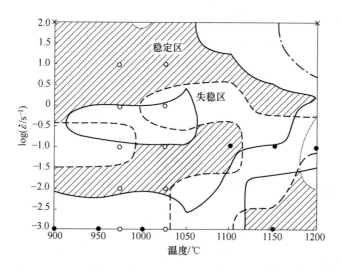

图 2-16　基于 Malas 稳定判据 IN718 的加工图

## 2.5　本章小结

本章对基于 DMM 的失稳判据和稳定判据以及 Montheillet 判据的在不同材料中的应用进行了比较与分析；对基于 Ziegler 塑性流变理论的 Prasad 失稳判据和 Murty 失稳判据进行了相似性证明，并指出和分析了两种判据存在差异的原因；对基于 Lyapunov 函数稳定性准则 Gegel 稳定判据和 Malas 失稳判据进

行了统一性证明。得出结论如下：

（1）推导出基于 Ziegler 塑性流变理论的 Prasad 失稳判据的另一种形式：

$$\xi(\dot{\varepsilon}, T) = \frac{\partial m}{\partial \ln \dot{\varepsilon}} + m^2 + m^3 < 0$$

（2）通过详细的推导证明了 Prasad 失稳判据和 Murty 失稳判据的相似性，并采用 IN718 合金的实验数据验证了这一结论，并指出基于两种失稳判据表达式中的参数 $\eta_{\text{MDMM}}$ 和 $m$ 是产生失稳图上移现象的根本原因。

（3）基于 Lyapunov 函数稳定性准则 Gegel 稳定判据和 Malas 失稳判据是统一的。

# 3 基于 MATLAB GUI 的加工图软件的开发

## 3.1 国外加工图类软件概述

　　基于不可逆热力学的组织预测方法——Processing Map 是一种准确快速的预测手段，为组织预测提供新的思路与方法。对于优化工艺制度，指导实际生产更具有重要的意义[19]。国外一些学者将加工图技术与计算机技术相结合，开发出一系列制作加工图的软件以应用和推广加工图技术。

　　Gopinath[36]基于动态材料模型，应用 Malas 稳定性准则，开发出一套材料信息系统（Material Information System，简称 MIS），这套具有绘制材料的应变速率敏感系数、功率耗散系数、$\partial m/\partial\dot{\varepsilon}$、$\partial s/\partial\dot{\varepsilon}$ 等的二维等值线图和三维立体图等功能，制作加工图的效果如图 3-1 ~ 图 3-3 所示。Nanjappa[37]采用 Java 技

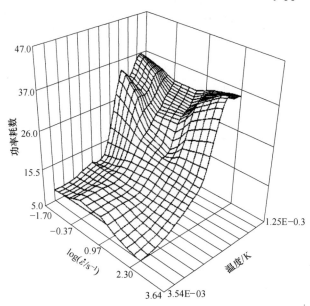

图 3-1　Al-5Si 合金在真应变量为 0.6 时的三维功率耗散图

术，实现 MIS 与俄亥俄州立大学的网站链接，通过网络技术使 MIS 得到进一步推广和应用。

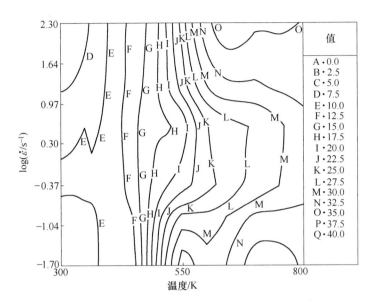

图 3-2　Al-5Si 合金在真应变量为 0.6 时的功率耗散等值线图

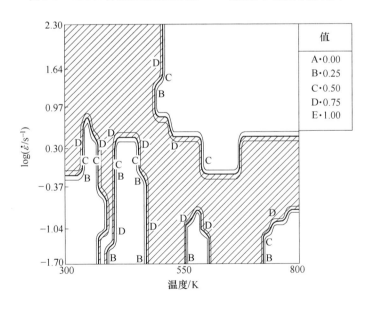

图 3-3　Al-5Si 合金在真应变量为 0.6 时的显示稳定加工区间的稳定图

1985 年美国赖特-帕特森空军基地（Wright-Patterson Air Force Base，简称

WPAFB)、俄亥俄州立大学和 Universal Energy Systems Inc. 的研究者将 FEM 模拟模型已进入 DMM 并开发出叫做 ANTARES 的有限元模型程序代码。随后 Gegel[38] 基于 ANTARES 有限元模型程序代码，开发出一套叫做 Metallurgist Notepad 的软件，通过绘制加工图，用于研究材料的加工问题。Metallurgist Notepad 软件的应用界面如图 3-4 所示。

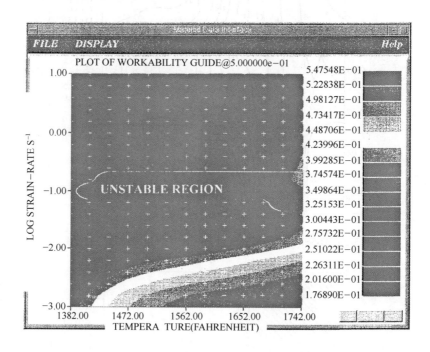

图 3-4  Metallurgist Notepad 软件的应用界面

Material Information System 和 Metallurgist Notepad 是最早通过计算机语言绘制加工图的应用先例，代表着当时加工图应用技术的应用先进水平。然而，在加工图理论不断修正成熟的今天，两者还存在软件功能较少、制作加工图的曲线线条不够圆滑而影响预测精度等问题。因此，加工图类软件有待进一步完善。

## 3.2  加工图的制作方法

由于用于加工图的判据不同，制作加工图的方法也不尽相同。计算用于制作加工图所需参数一般情况下使用两种算法：

一种为解析法。解析法[39~43]是根据实验数据，选择合适的本构方程，将合金应力-应变速率关系用该本构方程表示出来，然后根据公式进行求导、变换等步骤，计算得出耗散功率和不稳定性判据参数的解析解，然后代入数据做出热加工图。解析法需要大量人工的计算过程和良好的数学功底。此外，由于材料的复杂性，针对不同的试验材料，需要选择合适的本构方程，因此，在本构方程的选择和构建过程，会存在误差。

第二种为数值计算法[1,44]。数值计算法不需要知道试验材料的本构方程。直接对数据进行必要的数据拟合、运算，最终获得各参数的数值解，然后制作加工图。数值计算法的误差来源于对试验数据的拟合过程，但如果采用合适的拟合方法和计算软件，会将这种误差尽量降低。

目前加工图的制作方法，多采用常规方法，即首先计算出所需要的参数，然后把计算结果输入绘图软件（Origin 或者 Suffer）中，制作出所需要的加工图。

而在实际的实验过程中获得的热模拟数据较少，一般只能形成 4 阶或者 5 阶矩阵，必须通过插值计算获得中间温度、应变速率以及对应的应力值以满足计算精度（通常实验数据经过插值后形成 50 阶或者 100 阶矩阵，甚至更高）。对于常规方法，要实现高阶插值计算，过程极为繁琐。此外，加工图理论中应用较广的 Murty 判据，公式中含有积分项，计算过程复杂。因此选择合适的计算方法和计算机语言，将提高加工图的制作效果和基于加工图预测结果的准确性。

## 3.3 基于 MATLAB GUI 平台加工图软件的开发

MATLAB 是矩阵实验室（Matrix Laboratory）的简称，是美国 MathWorks 公司出品的商业数学软件，用于算法开发、数据可视化、数据分析以及数值计算的高级技术计算语言和交互式环境。和其他程序设计语言相比，MAT-LAB 语言有如下几个突出优势[45]：

（1）高效简洁性。MTALAB 程序设计语言集成度高，语言简洁。用 MATLAB 语言一条语句就能够解决其他设计语言数百条语句所能解决的问题。其程序可靠性高，易于维护，可以大大提高解决问题的效率和水平。

（2）科学运算功能。MATLAB 语言以矩阵为基本单元，可以直接应用于矩阵运算。另外，最优化问题、数值微积分问题、微分方程数值解问题、数据处理问题等都能直接用 MATLAB 语言求解。

（3）绘图功能。MATLAB 语言可以用最直观的语句将实验数据或计算结果用图形的方式显示出来，并可以将以往难以显示出来的隐函数直接用曲线绘制出来。MATLAB 语言还允许用户用可视化的方式编写图形用户界面，其难易程度和 Visual Basic 相仿，这使得用户可以容易地利用该语言编写通用程序。

### 3.3.1 基于 MATLAB GUI 的加工图软件

图形用户界面（Graphical User Interface，简称 GUI，又称图形用户接口）是指采用图形方式显示的计算机操作用户界面[46]。加工图软件（Processing Map Software，简称 PMS）是基于 MATLAB 软件以及 MATLAB GUI 工具箱，采用数值计算法开发的用于制作加工图，分析材料的热变形行为，反映出材料在不同变形条件下的组织演变规律的工具。

### 3.3.2 PMS 理论基础

PMS 集合 MATLAB 强大的数值计算功能和 GUI 工具箱的可视化特点，其理论基础如下：

（1）将理论模型、数据和人机交互相结合，开发基于"理论模型、数据处理、人机交互"三维一体的材料热变形行为及组织演化综合集成系统架构。

（2）基于 MATLAB 平台的材料组织演变与预测的软件开发技术。

（3）基于大塑性流变连续介质理论、物理系统模型一般原理，不可逆热力学，Lyapunov 函数稳定性准则以及 Ziegler 塑性流变理论的加工图技术。

（4）基于 MATLAB 语言的数值分析、工程与科学绘图与数字图像处理技术。

### 3.3.3 PMS 模块介绍

PMS 的模块及其主要特点见表 3-1。

表 3-1 加工图软件模块及其主要特点

| 软 件 模 块 | 主 要 特 点 |
|---|---|
| 动态编辑器 | 强大的人机交互功能 |
| 数据输入 | 多功能简便的数据输入方式 |
| 制图显示 | 二维/三维加工图的显示、旋转等 |
| 图形处理 | 显微组织观察结果标注、区域颜色填充、图形叠加等 |
| 材料数据库 | 包含各类合金的材料数据库 |
| 附加模块 | 语言转换、功能注释等 |

### 3.3.4 PMS 功能介绍

PMS 功能如下：

（1）基于动态材料模型的二维与三维功率耗散图；

（2）基于修正动态材料模型的二维与三维功率耗散图；

（3）材料的二维与三维激活能图；

（4）材料的二维与三维应变速率敏感系数图；

（5）基于 Lyapunov 函数稳定性准则的 Gegel 稳定图与 Malas 稳定图；

（6）基于 Ziegler 塑性流变理论的 Prasad 失稳图、Murty 失稳图与 Babu 失稳图；

（7）基于不同理论基础的失稳图的叠加功能；

（8）不同真应变量下的失稳图的叠加功能；

（9）材料显微组织观察结果的标注功能；

（10）加工图的区域放大与缩小功能；

（11）包含近多种材料的应力-应变速率数据，可以对同一系列合金进行比较参考与分析（实验数据搜集中，尚未实现）。

### 3.3.5 产品界面

基于加工图软件界面如图 3-5 所示。

### 3.3.6 软件的生成

要实现加工图软件，需将 GUI 生成"·exe"格式。则已有的 gui.m 文件和 gui.fig 文件要进行以下操作：

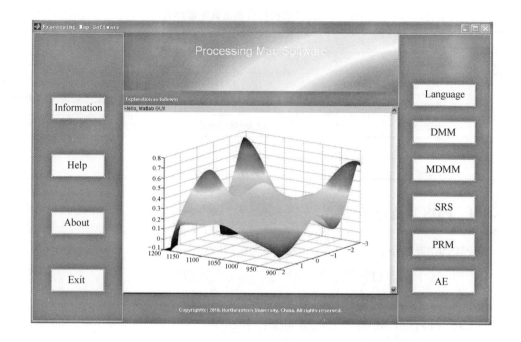

图 3-5　加工图软件界面

（1）在 MATLAB 的 command 窗口中输入："mcc-B sgl GUI. m"。

（2）将上步生成的文件包括 *m 文件和 *.fig 文件一起拷贝到待运行的机器，此时仍需 MATLAB 所必需的动态连接库。

（3）将 < matlab path >/extern/lib/win32/mglinstallar. exel 拷贝到待运行机器上。

（4）在机器上先运行 mglinstallar. exe，然后选择解压目录，将在指定目录下解压缩出 bin 和 toolbox 两个子目录，其中在 bin \ win32 目录下就是数学库和图形库脱离 MATLAB 运行所需的所有动态连接库，共有 37 个。可以将这些.dll 拷入 system32，也可以直接放在应用程序目录下，而 toolbox 目录则必须与应用程序同一目录。

（5）完成软件的生成。

### 3.3.7　加工图部分功能展示

本节采用文献中 6061 铝合金的应力-应变速率数据[47]，就 PMS 在二维等值线图的绘制、颜色填充、三维图、显微组织观察结果标注、基于不同判据的失稳图叠加功能以及不同真应变量下的失稳图的叠加等图形显示的功能特点进行制图效果展示，如图3-6～图3-12所示。

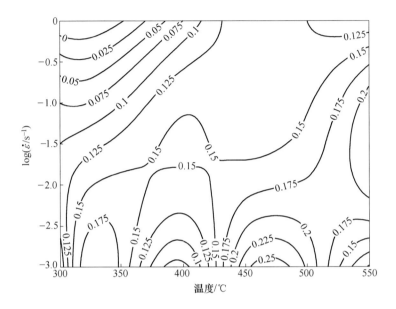

图 3-6　等值线绘制功能

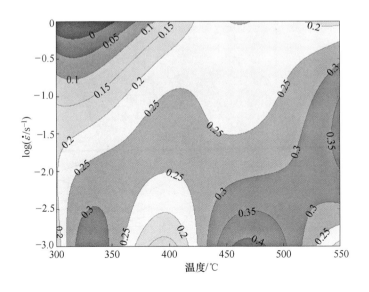

图 3-7　等值线图的颜色填充效果

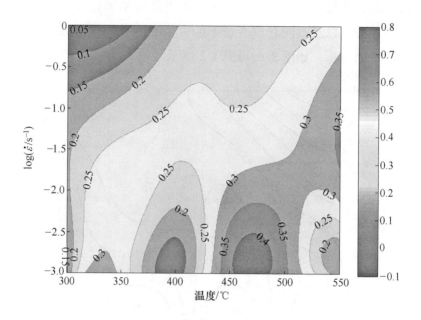

图 3-8　带有颜色条的等值线图

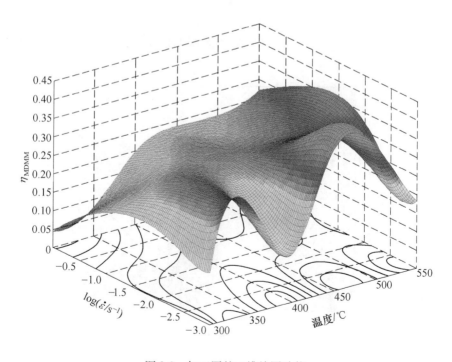

图 3-9　加工图的三维绘图功能

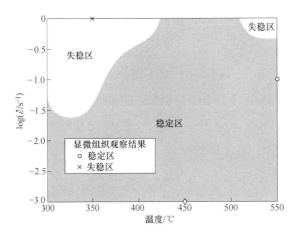

图 3-10　标注显微组织观察结果的基于 Murty 失稳判据的失稳图

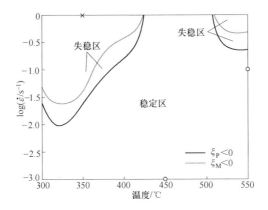

图 3-11　基于 Prasad 失稳判据和 Murty 失稳判据的失稳图的叠加（一）

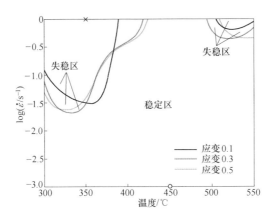

图 3-12　基于 Prasad 失稳判据和 Murty 失稳判据的失稳图的叠加（二）

## 3.4 本章小结

本章简单介绍了国外两套用于加工图研究的软件系统，详细介绍了制作加工图的解析法和数值计算法的具体思路和优缺点。介绍了基于 MTALAB GUI 的加工图软件 Processing Map Software 的理论基础、软件模块、软件功能，并基于 PMS 采用 6061 铝合金的应力-应变速率对软件的部分功能进行了展示。

# 4 基于 MATLAB GUI 的加工图软件在不同材料中适用性的验证

## 4.1 引言

基于 MATLAB GUI 的加工图软件可以根据不同材料的应力-应变速率实验数据构建基于不同理论基础的加工图，确定材料在不同变形温度和应变速率区域内的微观变形机制，从而优化加工工艺参数，避开失稳变形区域，从而获得所需要的组织和性能。然而，加工图软件作为新开发出来的产品，其适用性有待进一步确认。

本章采用已发表文献中不同材料的应力-应变速率数据，采用加工图软件构建加工图并进行比较与分析，以验证加工图软件在不同材料中的适用性。在分析过程中进一步验证基于 Ziegler 塑性流变理论的失稳判据相似性证明的正确性。

## 4.2 加工图软件在不同材料中适用性的验证

### 4.2.1 高温镍基合金 IN600

IN600 是一种用于航空工业和核工业的高温镍基合金。该合金中添加的 Fe 可以提高 Ni-Cr 合金的可加工性和使用温度。IN600 在 1000℃ 以上具有良好的可加工性，热延伸率在 700℃ 最低[1]。

Srinivansan 等[48]采用热压缩实验，研究了 IN600 在变形温度范围为 850 ~ 1200℃，应变速率范围为 0.001 ~ 100s$^{-1}$ 情况下的高温变形行为。并根据动态材料模型理论，基于 Prasad 失稳判据建立了加工图（如图 4-1 所示）。该合金的加工图中包含以下两个峰值区（$\eta_{DMM}$ 局部最大值区域）：

峰区 I：温度范围在 1100 ~ 1200℃，应变速率范围为 0.01 ~ 1s$^{-1}$，峰值

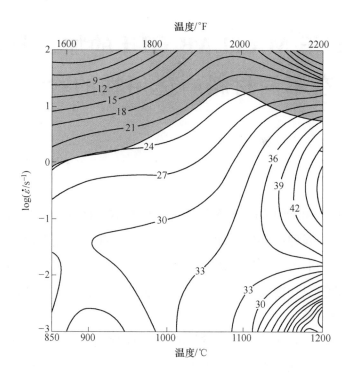

图 4-1    IN600 在真应变量为 0.5 时的加工图

（图中等值线上的数字代表功率耗散效率的百分数；阴影区域对应材料流变失稳区域）

系数为 48% ，峰值对应的变形温度和应变速率分别为 1200℃ 和 0.2s$^{-1}$ 。经过显微组织观察和拉伸试验，确定此峰区为动态再结晶区域。

峰区 Ⅱ ：峰值对应的变形温度和应变速率分别为 900℃ 和 0.001s$^{-1}$ ，峰值系数为 27% 。由于碳化物固溶温度在 950 ~ 1100℃ ，而动态再结晶则只发生在碳化物固溶之后，因此确定为动态回复区域。

图 4-2 所示为 IN600 的功率耗散图（ $\eta_{MDMM}$ 等值线图）。通过比较发现图 4-2 所示的功率耗散情况要复杂于图 4-1 所示。两者产生差异的原因有两个方面，一是图 4-1 为 $\eta_{DMM}$ 的等值线图，而图 4-2 为 $\eta_{MDMM}$ 的等值线图。 $\eta_{DMM}$ 是在本构方程满足幂函数的情况下得到的，而 $\eta_{MDMM}$ 适用于任何形式的本构方程。二是加工图的制作方法的不同，基于不同方法或者计算机语言制作的加工图同样存在差异。图 4-1 和图 4-2 的相同点在于：图 4-2 也存在两个峰值区域，一个位于温度范围在 1100 ~ 1200℃ ，应变速率范围 0.01 ~ 1s$^{-1}$ 区域，峰值系

数大于 50%；另一个位于温度范围在 900 ~ 950℃，应变速率范围 0.001 ~ 0.01s⁻¹ 区域，峰值系数为 50% 左右。除了峰值系数值不同外，峰值位置与图 4-1 所示基本一致。

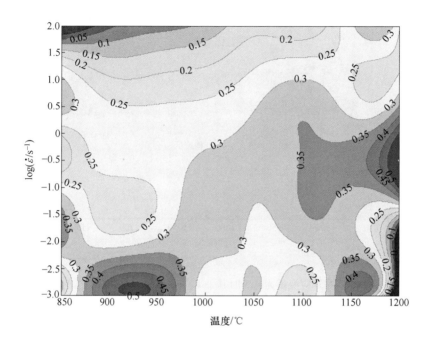

图 4-2  IN600 在真应变量为 0.5 时的功率耗散系数($\eta_{MDMM}$)的等值线图

图 4-3 和图 4-4 分别为 IN600 在真应变量为 0.5 时基于 Prasad 失稳判据和 Murty 失稳判据的失稳图。除了第 2 章所讨论的失稳区域上移现象外，两者确定的失稳区域形状基本相同，而两者与图 4-1 中阴影部分比较，则除了在应变速率大于 1s⁻¹ 的区域存在一个失稳区域外，还存在其他四个失稳区，与文献［49］的研究结果一致。根据失稳图中的显微组织观察结果，可以确定基于加工图软件制作的加工图具有良好的预测效果。

## 4.2.2  Nimonic AP-1 高温合金

Nimonic AP-1 是一种经过改进降低 PPB（原始粉末颗粒边界）的不利作用，用于涡轮转盘的超耐热镍合金。Somanic 等人［50］研究了 Nimonic AP-1 在变形温度范围为 850 ~ 1200℃，应变速率范围为 0.001 ~ 100s⁻¹ 情况下的高温

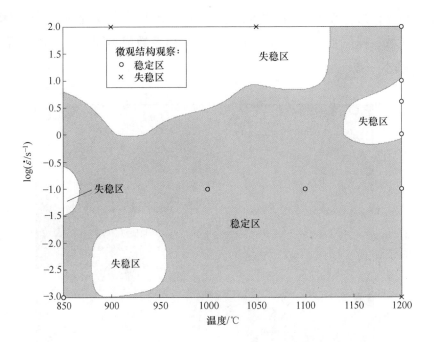

图 4-3　IN600 在真应变量为 0.5 时基于 Kumar & Prasad 失稳判据的失稳图

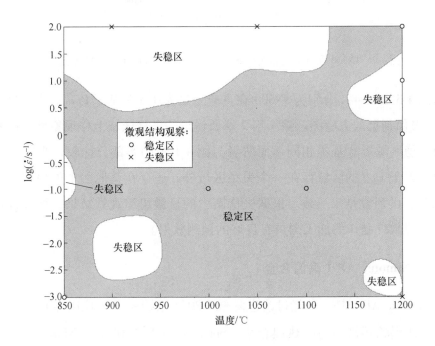

图 4-4　IN600 在真应变量为 0.5 时基于 Murty 失稳判据的失稳图

变形行为。基于动态材料模型和 Prasad 失稳判据构建的功率耗散图和 Prasad
失稳图分别如图4-5和图4-6所示，热压缩试样的显微组织观察结果和挤压实
验结果[51]见表4-1。

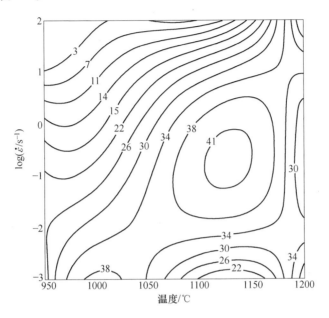

图 4-5　Nimonic AP-1 在真应变量为 0.2 时 $\eta_{DMM}$ 的等值线图

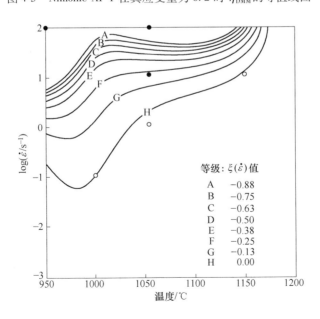

图 4-6　Nimonic AP-1 在真应变量为 0.2 时基于 Prasad 失稳判据的失稳图

表4-1 Nimonic AP-1 合金的显微组织观察结果

| 变形温度 $T/℃$ | 应变速率 $\dot{\varepsilon}/s^{-1}$ | 观察结果 | 参考文献 |
| --- | --- | --- | --- |
| 950 | 100 | 失稳 | [50] |
| 1000 | 0.001 | 失稳 | [50] |
| 1000 | 0.1 | 稳定 | [50] |
| 1050 | 0.1 | 稳定 | [50] |
| 1050 | 1 | 稳定 | [50] |
| 1050 | 10 | 稳定 | [50] |
| 1050 | 100 | 失稳 | [50] |
| 1100 | 0.01 | 稳定 | [50] |
| 1100 | 1 | 稳定 | [50] |
| 1120 | 10.2 | 失稳 | [51] |
| 1120 | 40.8 | 失稳 | [51] |
| 1150 | 0.1 | 稳定 | [50] |
| 1150 | 7.5 | 稳定 | [51] |
| 1150 | 10 | 稳定 | [50] |
| 1185 | 46.9 | 失稳 | [51] |
| 1200 | 0.001 | 失稳 | [50] |
| 1200 | 100 | 失稳 | [50] |

图 4-7 所示为 $\eta_{DMM}$ 等值线图，通过比较发现图 4-7 所示 Nimonic AP-1 合

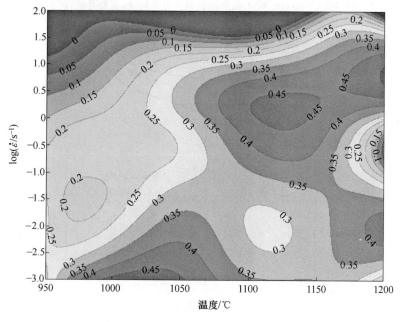

图 4-7 Nimonic AP-1 在真应变量为 0.2 时 $\eta_{DMM}$ 的等值线图

金热加工过程的功率耗散情况较图 4-5 所示更为复杂。两者等值线图形形状存在明显的差异，图 4-5 中存在一个峰值区域，位于温度范围在 1100 ~ 1200℃，应变速率范围 0.01 ~ 1s$^{-1}$ 区域，峰值系数为 41% 左右；而图 4-7 中存在四个峰值区域，其中（1025℃, 0.001s$^{-1}$），（1125℃, 1s$^{-1}$）和（1200℃, 10s$^{-1}$）这三个点附近的峰值系数均大于 45%，另外一点（1200℃, 0.01s$^{-1}$）附近的峰值系数为 40% 左右。在材料热加工过程，由于受到各种工艺参数和外部环境的影响，材料的功率耗散情况极为复杂，基于加工图软件制作的功率耗散图能较好地反映这一过程。

图 4-8 所示为基于 Prasad 失稳判据的失稳图。通过与图 4-6 比较，发现两者都预测到在较高应变速率（> 1s$^{-1}$）处存在一个大的失稳区。此外，图 4-8 中还存在三个较小的失稳区域，分为位于（950 ~ 1050℃, 0.001 ~ 0.1s$^{-1}$）、（1150 ~ 1200℃, 0.01 ~ 1.0s$^{-1}$）区域和点（1040℃, 0.1s$^{-1}$）附近。因此，在该合金热加工生产工艺设计时，应避开这些加工失稳区。基于加工图分析与显微组织观察结果，确定该材料的最佳加工区域为：变形温度范围为 1100 ~ 1150℃，应变速率范围为 0.01 ~ 1.0s$^{-1}$。

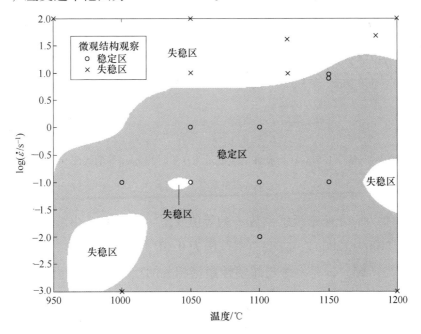

图 4-8　Nimonic AP-1 在真应变量为 0.2 时基于 Prasad 失稳判据的失稳图

### 4.2.3　Mg-11.5Li-Al 合金

Sivakesavam 等人[52]采用基于 Prasad 失稳判据的加工图（如图 4-9 所示）研究了 Mg-11.5Li-Al 合金的高温变形行为和超塑性。研究结果发现基于动态材料模型的功率耗散系数等值线图中仅在变形温度 400℃，应变速率 0.01s$^{-1}$存在一个峰值区域，峰值系数为 65%，经过拉伸试验、晶粒结构观察、热变形的激活能和功率耗散系数分析，确定该区域为超塑性区域。而在变形温度为 200～450℃，应变速率为 0.01～100s$^{-1}$试验参数范围内并没出现动态再结晶。

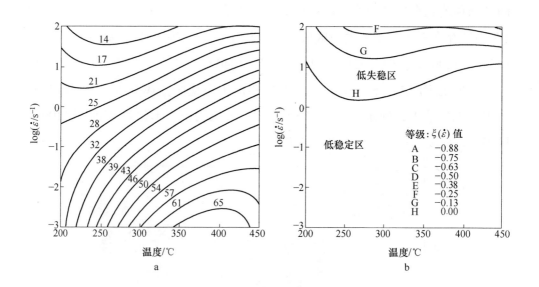

图 4-9　Mg-11.5Li-Al 合金在真应变量为 0.4 时的 $\eta_{DMM}$ 等值线图和失稳图

a—$\eta_{DMM}$ 等值线图；b—失稳图

图 4-10 为应变速率敏感系数 $m$ 的等值线图。从图 4-10 中可以发现，在温度范围为 1100～1200℃，应变速率范围为 0.01～1s$^{-1}$区域存在一个峰值，峰值系数约为 0.65。$m$ 是一个与超塑性紧密相关的重要参数，超塑性材料的 $m$ 值为 0.3～1（不包括 1），且 $m$ 值越接近于 1.0，超塑性越佳[53,54]。可以判断此区域为超塑性变形区，与 Sivakesavam 的研究结论一致[52]。图 4-11 所示为 $\eta_{DMM}$ 的等值线图，通过比较发现图 4-11 和图 4-9a 的峰值区域范围十分吻合，

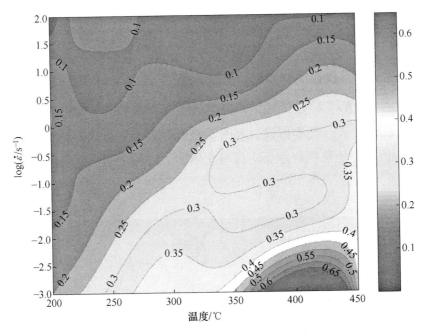

图 4-10    Mg-11.5Li-Al 在真应变量为 0.4 时 $m$ 的等值线图

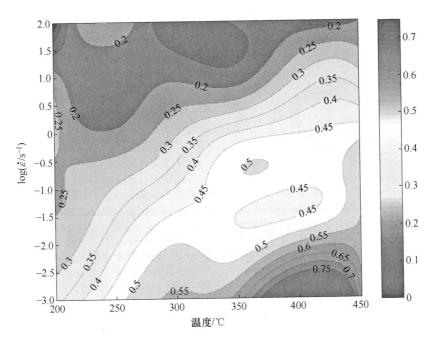

图 4-11    Mg-11.5Li-Al 在真应变量为 0.4 时 $\eta_{DMM}$ 的等值线图

而前者所描述的热加工功率耗散情况更为复杂；而图 4-10 和图 4-11 相比，后者除了上移了约 $0.5\log(\dot{\varepsilon})$ 外，等值线形态基本相同。由于 $\eta_{DMM}$ 是基于本构方程 $\sigma = K\dot{\varepsilon}^m$ 推导出来了的，因此存在一定的局限性；而 $\eta_{MDMM}$ 是适用于任何形式的本构方程，仅在应变速率很低（$< \dot{\varepsilon}_{min} = 10^{-3}s^{-1}$）时，假设材料的本构方程满足 $\sigma = K\dot{\varepsilon}^m$。尽管对于某些材料，这种假设是不现实的，Spigarelli 对此提出了质疑[31]，然而假设引起的误差值非常小，可以忽略。因此，基于 $\eta_{MDMM}$ 的等值线图能够更好地反应材料在热加工过程中的功率耗散情况（如图 4-12 所示）。

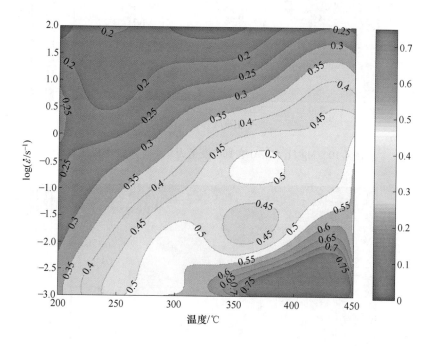

图 4-12　Mg-11.5Li-Al 在真应变量为 0.4 时 $\eta_{MDMM}$ 的等值线图

图 4-13 和图 4-14 所示为 Mg-11.5Li-Al 合金真应变量为 0.4 时的 Prasad 失稳图和 Murty 失稳图。和图 4-9b 相比，虽然三者所描绘的失稳区都存在于高应变速率范围内，然而基于加工图软件做出的 Prasad 失稳图和 Murty 失稳图所描绘的失稳区域的应变速率范围为大于 $0.1s^{-1}$，要明显大于图 4-9b 所示的失稳区域范围（大于 $1.0s^{-1}$）。此外，前面两者在高应变速率的 $200 \sim 300℃$ 和 $300 \sim 400℃$ 温度范围内，还存在两个小的塑性变形稳定区，这是图 4-9b 所

不具有的。根据图4-13和图4-14所标示的显微组织观察结果可以发现，基于加工图软件做的加工图具有良好的预测效果。

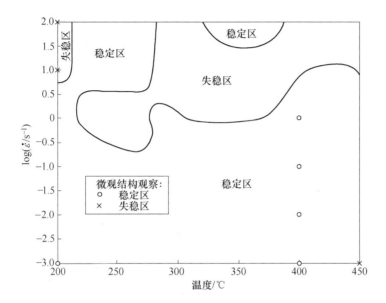

图 4-13　Mg-11.5Li-Al 在真应变量为 0.4 时基于 Prasad 失稳判据的失稳图

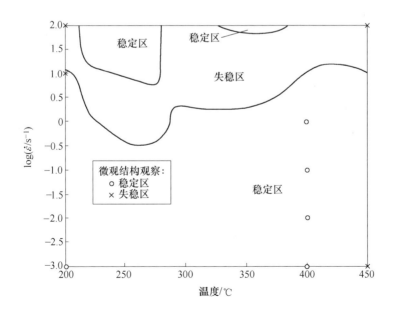

图 4-14　Mg-11.5Li-Al 在真应变量为 0.4 时基于 Murty 失稳判据的失稳图

### 4.2.4 双相不锈钢

00Cr22Ni1Mo017N 为一种高氮低镍节约型双相不锈钢，由于奥氏体-铁素体型双相不锈钢微观组织中含有等体积分数的奥氏体和铁素体，因此具有较好的力学性能和优良的耐腐蚀性能，在某种程度上可以用来代替传统的奥氏体不锈钢[55]。IN600 在真应变量为 0.5 时的加工图如图 4-15 所示。

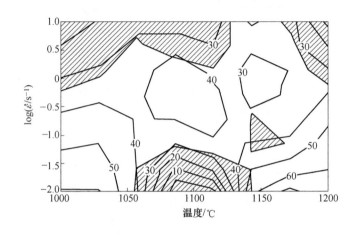

图 4-15　IN600 在真应变量为 0.5 时的加工图

（图中等值线上的数字代表功率耗散效率的百分数；阴影区域对应材料流变失稳区域）

Fang 等人[56]研究了 00Cr22Ni1Mo017N 在变形温度范围为 850~1200℃，应变速率范围为 0.001~100s$^{-1}$情况下的高温变形行为。根据动态材料模型理论，基于 Prasad 失稳判据建立了加工图。经过加工图分析和热压缩试样的显微组织观察发现：在变形温度为 1000~1050℃、应变速率为 0.01s$^{-1}$和变形温度为 1150~1200℃、应变速率为 0.01s$^{-1}$范围内，会发生动态再结晶，为最佳工艺参数范围。

图 4-16 所示为 $\eta_{DMM}$ 等值线图。与图 4-15 中等值线相比，图 4-16 中曲线更加平滑，等值线图上包含两个峰值区（$\eta_{DMM}$ 局部最大值区域）：一个位于温度范围在 1000~1040℃，应变速率范围为 0.01s$^{-1}$，峰值系数为大于 80%（文献为 70% 左右）；另一个峰值对应的变形温度和应变速率分别约为 1020℃ 和 0.01s$^{-1}$，峰值系数为大于 70%（文献为 60% 左右）。两个峰值的位置基本相同，而峰值系数均大于图 4-15 所示。

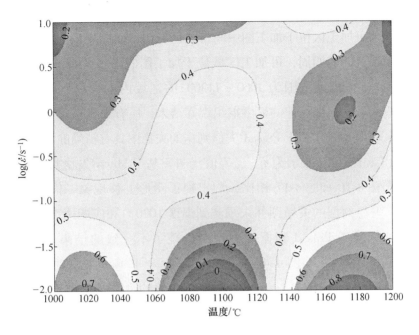

图 4-16　00Cr22Ni1Mo017N 在真应变量为 0.5 时 $\eta_{DMM}$ 的等值线图

图 4-17 所示为基于 Prasad 失稳判据的失稳图。与图 4-15 阴影部分所示失稳区域相比存在明显的不同。图 4-15 中所示失稳区域主要集中于高应变速率范

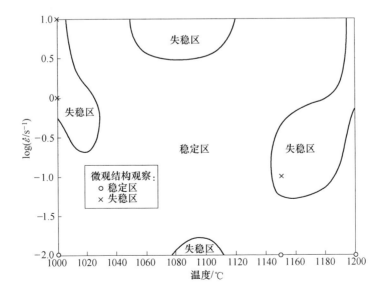

图 4-17　00Cr22Ni1Mo017N 在真应变量为 0.5 时基于 Prasad 失稳判据的失稳图

围（应变速率 > 1s⁻¹），在较低应变速率 0.01 ~ 0.1s⁻¹，存在一个较大的失稳区域，该合金的可加工区位于加工图中间带状区域内；而图 4-17 所示失稳区域则分布于加工图区间的四周，可加工区域位于加工图的中心区域，在较低应变速率 0.01 ~ 0.1s⁻¹，温度范围为 1060 ~ 1120℃ 的区域内的失稳区要明显小于图 4-15 所对应区域。根据标记的显微组织观察结果，所有失稳点均落在图 4-17 所示的失稳区域内，因此基于 Prasad 失稳判据的失稳图具有精确的预测结果。

图 4-18 和图 4-19 所示为 $\eta_{MDMM}$ 等值线图和基于 Murty 失稳判据的失稳图，两者分别与图 4-16 和图 4-17 相比，均出现了图形上移现象。值得注意的是，基于 Murty 失稳判据的失稳图并未预测到温度 1020℃ 和应变速率 0.01s⁻¹ 处的失稳点，这与基于 Prasad 判据的失稳图出现了不一致的结果。本章中关于 IN600 加工图（图 4-3 与图 4-4）中也出现了基于 Prasad 失稳判据和 Murty 失稳判据在（1200℃，10s⁻¹）处预测结果不一致的现象。根据理论分析可知，Murty 失稳判据要优于 Prasad 失稳判据，被认为是简捷方便、分析严谨，是最有发展前景的一种方法[57]。因此，需要在温度 1160℃、1170℃ 和 1180℃，应变速率为 0.1s⁻¹ 变形条件下进行热压缩试验，对实验试样进行显微组织观察，以进一步确认该区域是否为失稳区域。

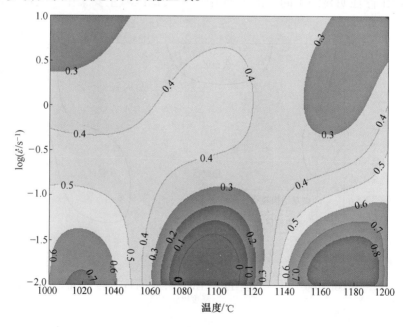

图 4-18　00Cr22Ni1Mo017N 在真应变量为 0.5 时 $\eta_{MDMM}$ 的等值线图

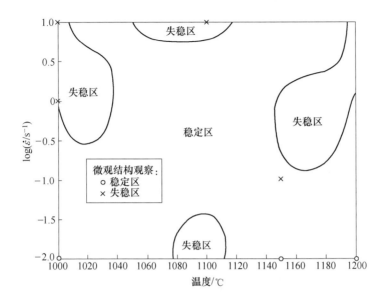

图 4-19　00Cr22Ni1Mo017N 在真应变量为 0.5 时基于 Murty 失稳判据的失稳图

## 4.2.5　某钢种热轧棒材

Kim 等人[58]采用 Prasad 失稳判据预测某实验钢棒材的表面缺陷，认为该实验钢在低温时功率耗散系数较低，容易发生流变失稳现象（如图 4-20 所示）。根据实验过程的显微组织观察结果和实际生产轧制数据（如图 4-21 所示），

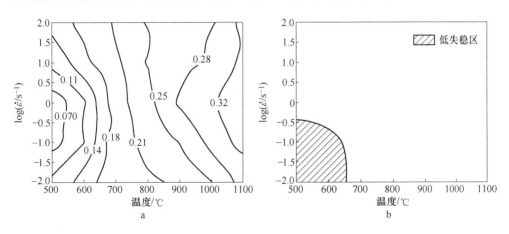

图 4-20　实验钢在真应变量为 0.8 时的 $\eta_{DMM}$ 等值线图和失稳图

a—$\eta_{DMM}$ 等值线图；b—失稳图

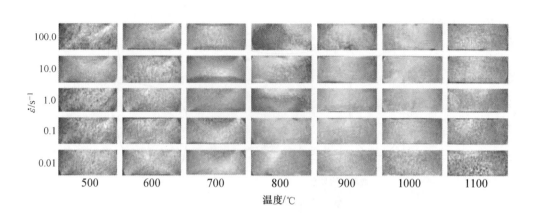

图 4-21   实验钢压缩试样横截面图

Kim 等人对 Prasad 失稳判据在预测该实验钢棒材热加工表面缺陷的结果可靠性提出了质疑，认为基于 Prasad 失稳判据的加工图预测结果并不可靠。

　　Lee 等人[59]将 Cockcroft-Latham 准则应用于热加工过程，基于比塑性功的概念提出了构建加工图的新方法。通过热压缩试样的显微组织观察和 CAM-Proll 软件的有限元模拟结果，Lee 等人研究了该钢种在变形温度范围为 500～1100℃，应变速率范围为 0.01～100s$^{-1}$ 的可加工性，做出的该实验钢的失稳图如图 4-22 所示。

　　图 4-23 所示为 $\eta_{DMM}$ 的等值线图，通过观察发现，等值线中温度范围在 950～1100℃，应变速率范围在 0.01～10s$^{-1}$，存在一个峰值区域；在温度范围在 500～700℃，应变速率范围在 0.01～10s$^{-1}$，存在一个低谷区域，此峰值和低谷区域位置与图 4-20a 中所示一致。由于功率耗散系数 $\eta$ 越低，材料的可加工性越差，因此温度范围为 500～700℃，应变速率范围为 0.01～10s$^{-1}$，该区域为加工危险区。基于 Prasad 判据的失稳图（图 4-24）和图 4-20b 相比，两者在低温低应变速率范围内都存在一个失稳区，而图 4-24 中的失稳区范围要略大于图 4-20b 所示。此外，在温度范围在 500～1000℃，应变速率范围在 10～100s$^{-1}$ 区域内存在另外两个失稳区域。因此，基于加工图软件制作的加工图和图 4-20b 相比，预测结果相对保守。综合图 4-23、图 4-24 和图 4-25、图 4-26 分析结果，确定该实验钢的可加工区域在温度 500～700℃、应变速率 0.01～10s$^{-1}$ 区间内，该结论与 Lee 的研究结果以及图 4-21 所示显微组织观察

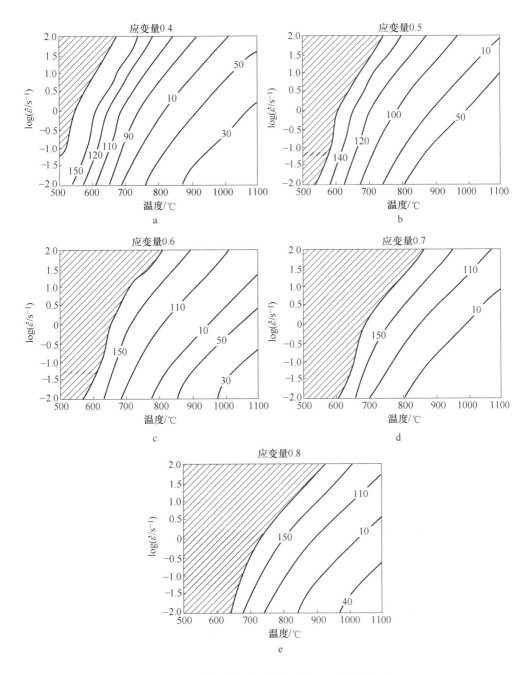

图 4-22 该实验钢在不同真应变量时的失稳图

结果一致。因此，Kim 等人根据其构建的加工图得出"基于 Prasad 失稳判据的加工图预测结果并不可靠"这一研究结论有待商榷。

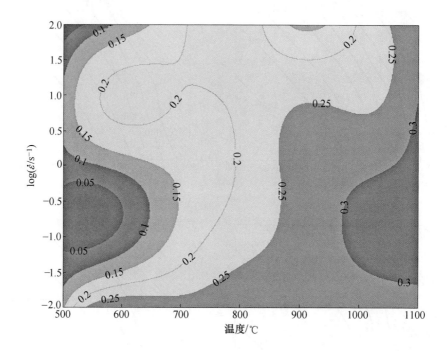

图 4-23　该实验钢在真应变量为 0.6 时 $\eta_{DMM}$ 的等值线图

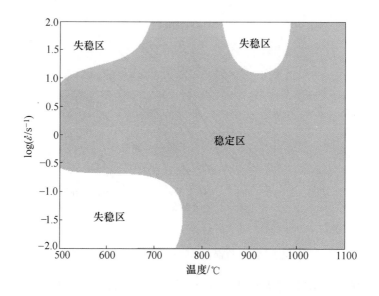

图 4-24　该实验钢在真应变量为 0.6 时基于 Prasad 失稳判据的失稳图

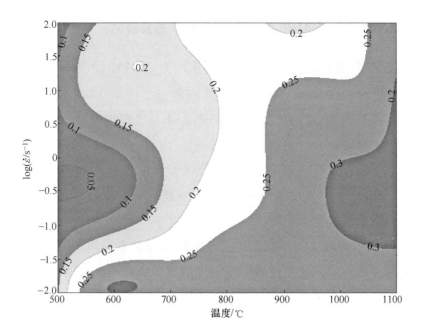

图 4-25 该实验钢在真应变量为 0.6 时 $\eta_{\text{MDMM}}$ 的等值线图

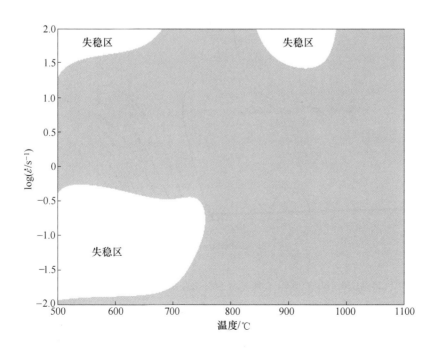

图 4-26 该实验钢在真应变量为 0.6 时基于 Murty 失稳判据的失稳图

### 4.2.6 粉末冶金 2124 Al-20 Vol. % SiCp 金属基复合材料

Bhat 等人[60]用热压试验法研究了粉末冶金 2124Al-20 Vol. % SiCp 颗粒增强金属基复合材料在 300 ~ 550℃ 温度区间和应变速率 0.001 ~ 100s⁻¹ 范围内的热加工条件下的流变行为。通过基于 Prasad 失稳判据建立该材料的加工图与显微组织观察结果分析表明：该金属基复合材料在 450 ~ 550℃ 温度区间且应变速率小于 0.1s⁻¹ 时出现超塑性；在 500℃ 且应变速率为 1s⁻¹ 时，发生动态再结晶（DRX）；在温度低于 400℃ 且应变速率高于 0.1s⁻¹ 时，则该金属基复合材料显微组织呈现不稳定性。

图 4-27 所示为 $\eta_{DMM}$ 等值线图，与图 4-29 比较两者虽然等值线形态有所不同，但是两者所示峰值区域位置一致：即温度范围在 450 ~ 550℃、应变速率大于 0.1s⁻¹ 区域和在温度为 550℃，应变速率为 0.001s⁻¹ 处，根据文献［60］的显微组织观察两个区域对应的微观变形机制分别为超塑性和动态再结晶。

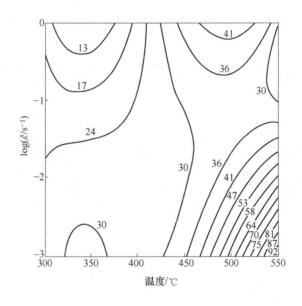

图 4-27 2124 Al-20 Vol. % SiCp 金属基复合材料在真应变量为 0.4 时 $\eta_{DMM}$ 的等值线图

图 4-30 所示为该金属基复合材料在真应变量为 0.3 和 0.5 时基于 Prasad 失稳判据的失稳图。通过和图 4-28 比较可以发现，当应变量为 0.3 时的该材料的失稳图预测到（550℃，1s⁻¹）处的流变失稳点，而当应变量为 0.5 时，

与应变量为 0.4 （图 4-28）一样，均未预测到该点，而在点（450℃，$1s^{-1}$）附近区域则出现了新的失稳区。

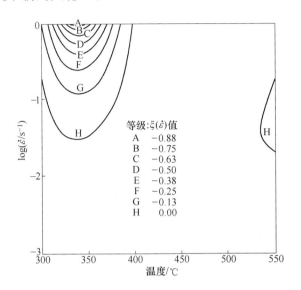

图 4-28　2124 Al-20 Vol. % $SiC_p$ 金属基复合材料在真应变量为 0.4 时

基于 Prasad 失稳判据的失稳图

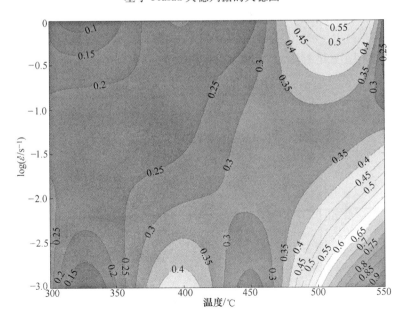

图 4-29　通过自主研究软件计算的 2124 Al-20 Vol. % $SiC_p$ 金属基复合材料

在真应变量为 0.4 时 $\eta_{DMM}$ 的等值线图

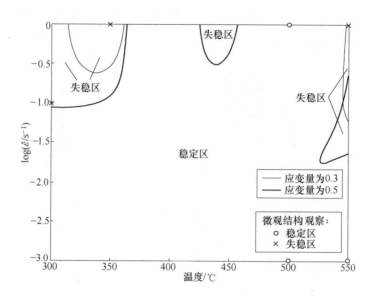

图 4-30 2124 Al-20 Vol. % $SiC_p$ 金属基复合材料在真应变量为

0.3 和 0.5 时基于 Prasad 失稳判据的失稳图

通过比较发现随着真应变量的增加，该材料的热加工失稳区域具有增大的趋势。不同真应变量对失稳图的区域大小影响不同。因此，材料在不同真应变量下的失稳图是判断材料可加工性的重要标准之一。

刘娟等人[23,40]提出一种包含应变的三维加工图（如图 4-31 所示），解决

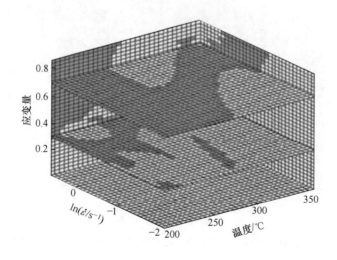

图 4-31 基于 Prasad 失稳判据的三维失稳图

了具有明显应变软化效应的合金（如镁合金）热变形时可加工性对应变的敏感性问题。这是一种能够完备地反映材料可加工性的、进行工艺设计和优化的方法。然而由于各应变量失稳图的叠加，造成图形显示覆盖，对分析造成一定的影响。而采用图4-30所示在平面区域内采用各应变量条件下失稳图的叠加，更加直观简洁，便于观察和分析。

## 4.2.7　Al-Mg-Si 合金

Sarkar 等人[47]研究一种 Al-Mg-Si 合金在变形温度范围为 850～1200℃，应变速率范围为 0.001～100s$^{-1}$ 情况下的热加工性。研究结果表明，该合金在（550℃，0.02s$^{-1}$）和（460℃，0.001s$^{-1}$）变形条件下会发生动态再结晶。基于 Prasad 失稳判据建立了该合金的加工图（如图4-32所示）。该合金发生动态再结晶区域的峰值功率耗散系数为34%，对应拉伸伸长率为31%。热加工失稳区域位于温度低于350℃，应变速率大于 1.0s$^{-1}$ 区域内。Murty 等人[10]采用文献［47］的应力-应变速率数据建立该合金的功率耗散

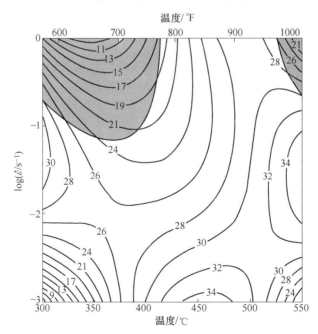

图 4-32　Al-Mg-Si 合金在真应变量为 0.5 时的加工图

（图中等值线上的数字代表功率耗散效率的百分数；阴影区域对应材料流变失稳区域）

图（如图 4-33 所示）和基于 Murty 失稳判据的失稳图（如图 4-34 所示）。研究结果表明，功率耗散图中存在两个峰值区域，一个位于温度范围为450 ~ 500℃，应变速率范围为 0.001 ~ 0.01s$^{-1}$ 区域（注：此区域在图 4-33 中并未显示出来）；另一个位于温度范围为 500 ~ 550℃，应变速率范围为 0.01 ~ 0.1s$^{-1}$ 区域，且峰值最大系数为 0.361。

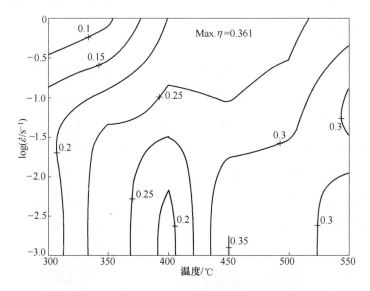

图 4-33　Al-Mg-Si 合金在真应变量为 0.5 时 $\eta_{MDMM}$ 的功率耗散等值线图

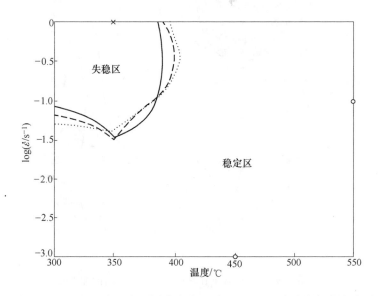

图 4-34　Al-Mg-Si 合金在不同真应变量时基于 Murty 失稳判据的失稳图

图 4-35 为等值线图，就图形形态而言，与图 4-23 中等值线差异很大，而与图 4-33 基本吻合。然而在变形温度范围为 850~1200℃，应变速率范围为 0.001~100s$^{-1}$ 区域内存在一个峰值，与图 4-32 所示基本一致，但是峰值系数大于 40%，明显高于图 4-32 中的 34%。图 4-33 由于作图问题并未出现该区域。图 4-36 所示为该合金的激活能等值线图。Malas[61]、Sivaprasad 等人[62] 认为激活能等值线图中的"平原"，即激活能 $Q$ 为常数的区域，为材料的稳定加工区域。根据图 4-36 可知温度范围为 850~1200℃，应变速率范围为 0.001~100s$^{-1}$ 区域存在一个较大的"平原"区域，为该材料的加工区域，与基于功率耗散图（图 4-35）的预测结果完全一致。

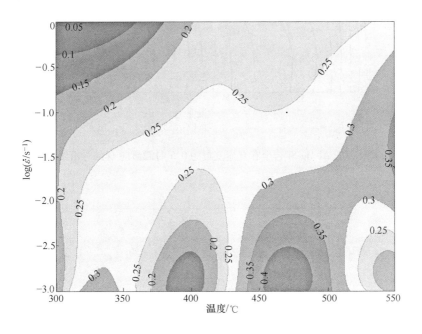

图 4-35 Al-Mg-Si 合金在真应变量为 0.5 时 $\eta_{\mathrm{MDMM}}$ 的功率耗散等值线图

图 4-37 所示为基于 Murty 失稳判据的失稳图，图中存在两个失稳区域，分别位于两个区间内，与图 4-32 中的失稳位置基本吻合，而同样是基于 Murty 失稳判据的失稳图（图 4-34）却只有温度范围为 850~1200℃，应变速率范围为 0.001~100s$^{-1}$ 这一个失稳区域。对于此区域是否是失稳区域，需要进一步的显微组织观察以确认，而在该合金的热加工工艺制度设计过程中，考虑到材料热加工的安全性，应选择预测较为

保守的图 4-37 为宜。

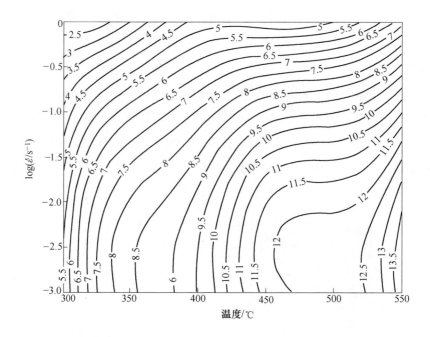

图 4-36 Al-Mg-Si 合金在真应变量为 0.5 时激活能 $Q$ 的等值线图

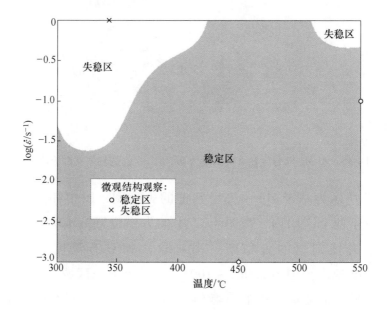

图 4-37 Al-Mg-Si 合金在不同真应变量时基于 Murty 失稳判据的失稳图

### 4.2.8 Ti53311S 钛合金

Ti53311S 是适用于 550℃ 的近 α 型耐热钛合金，主要用来制造喷气发动机和燃气涡轮发动机的压气机盘及叶片，具有高温瞬时强度、抗蠕变性能和热稳定性三者之间良好的综合性能，其相变点为 1010℃。利用加工图可以对 Ti53311S 合金进行热加工工艺的设计和优化，避免加工过程中产生的不稳定性流变，以获得优化的可加工温度和应变速率，对实际生产有重要的指导作用。

王蕊宁等人[63]在 Gleeble-1500 热模拟试验机上进行热压缩试验，研究了变形温度为 880～1080℃，应变速率为 0.001～10s$^{-1}$ 的 Ti53311S 钛合金的热变形行为。根据应力-应变速率曲线分析了该合金的热变形行为，建立了基于 Prasad 失稳判据的加工图。

Ti53311S 在真应变量为 0.5 时的加工图如图 4-38 所示。

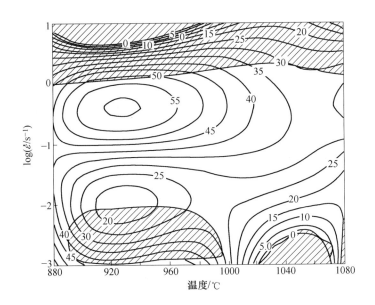

图 4-38 Ti53311S 在真应变量为 0.5 时的加工图

（图中等值线上的数字代表功率耗散效率的百分数；阴影区域对应材料流变失稳区域）

Ti53311S 在真应变量为 0.5 时 $\eta_{DMM}$ 的等值线图和基于 Prasad 失稳判据的失稳图如图 4-39 和图 4-40 所示。

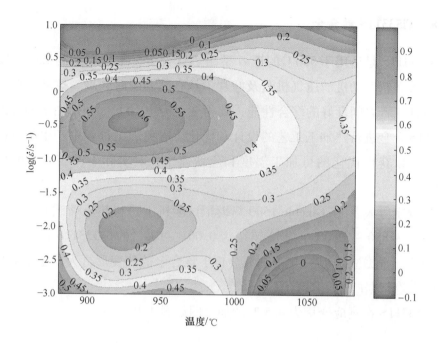

图 4-39　Ti53311S 在真应变量为 0.5 时 $\eta_{DMM}$ 的等值线图

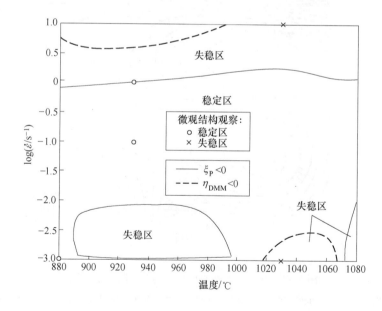

图 4-40　Ti53311S 在真应变量为 0.5 时基于 Prasad 失稳判据的失稳图

Mg-11.5Li-Al 在真应变量为 0.5 时 $\eta_{MDMM}$ 的等值线图如图 4-41 所示。

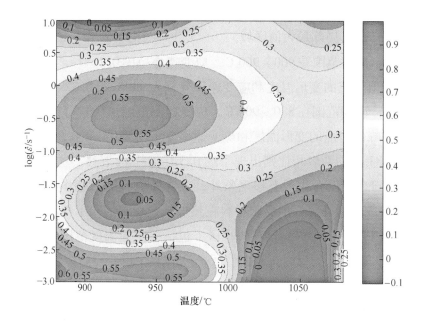

图 4-41 Mg-11.5Li-Al 在真应变量为 0.5 时 $\eta_{MDMM}$ 的等值线图

Ti53311S 在真应变量为 0.5 时基于 Murty 失稳判据的失稳图如图 4-42 所示。

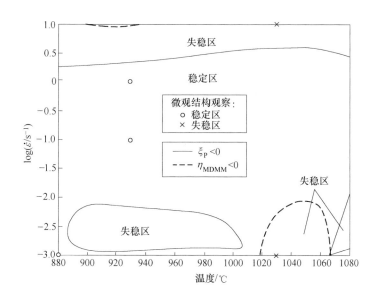

图 4-42 Ti53311S 在真应变量为 0.5 时基于 Murty 失稳判据的失稳图

通过比较发现图 4-39 与图 4-38 中的等值线形态几乎完全一致，包含以下两个峰值区（$\eta_{DMM}$ 局部最大值区域）：

峰区 Ⅰ：温度范围在 $900 \sim 960 \text{℃}$，应变速率范围 $0.1 \sim 1 \text{s}^{-1}$，峰值系数大于 $55\%$，峰值对应的变形温度和应变速率分别为 $930\text{℃}$ 和 $0.32 \text{s}^{-1}$。

峰区 Ⅱ：温度范围在 $880 \sim 900 \text{℃}$，应变速率范围 $0.001 \sim 1 \text{s}^{-1}$，峰值系数大于 $45\%$，峰值对应的变形温度和应变速率分别为 $880\text{℃}$ 和 $0.001 \text{s}^{-1}$。

而图 4-41 与前两者相比则出现了约 $0.5 \Delta \lg(\dot{\varepsilon})$ 的上移。这种现象与第 2 章中的结论符合。后者除了上移现象外，三者等值线形态基本相同。而基于 $\eta_{MDMM}$ 的等值线图能够更好地反映材料在热加工过程中的功率耗散情况。

图 4-38 中存在三个失稳区，失稳区 1 包括了实验温度范围内所有应变速率高于 $1 \text{s}^{-1}$ 的区域；失稳区 2 和失稳区 3 包括了除相变点附近 $10\text{℃}$ 左右所有应变速率低于 $0.01 \text{s}^{-1}$ 的范围。

而基于 Prasad 失稳判据的失稳图（图 4-40）和基于 Murty 失稳判据的失稳图（图 4-42）均未预测到温度范围为 $1010 \sim 1170\text{℃}$，应变速率范围 $0.001 \sim 0.01 \text{s}^{-1}$ 处的失稳区域。Murty[10] 认为，热加工过程功率的耗散存在两种极端情况：对于理想的塑性流动，功率的一半用于组织演变，超塑性材料的行为可转化达到这种极端情况；而当全部功率转化为黏塑性热，即 $J = 0$ 时，则 $\eta = 0$，这时就出现绝热剪切引起的不稳定塑性流动，即为另一种极端情况，因此当 $\eta \leq 0$ 时，也会出现流变失稳。根据图 4-40 和图 4-42 所示的虚线区域内为 $\eta \leq 0$（$\eta_{DMM} \leq 0$ 和 $\eta_{MDMM} \leq 0$），成功预测到（$1130\text{℃}$，$0.001 \text{s}^{-1}$）处的失稳点。

经过加工图分析和显微组织观察，发现加工图的预测结果与显微组织观察结果一致。该合金的加工范围较窄，加工过程中温度应控制在相变点以下，应变速率应控制在 $0.01 \text{s}^{-1}$ 以上和 $10 \text{s}^{-1}$ 以下为宜。

## 4.3　本章小结

本文采用已发表的实验数据，验证了基于 MATLAB GUI 加工图软件在高温合金、粉末冶金材料、镁合金、双相钢不锈钢、金属基复合材料、铝合金、钛合金以及棒材热轧工艺中的适用性，同时也验证了基于 Prasad 失稳判据和 Murty 失稳判据相似性证明的正确性，并针对部分文献中加工图的构建与分析存在的问题进行进一步的分析和讨论。得出主要结论如下：

（1）通过在高温镍基合金 IN600、Nimonic AP-1 高温合金、Mg-11.5Li-Al 合金、双相不锈钢 00Cr22Ni1Mo017N、粉末冶金 2124 Al-20 Vol.% SiC$_P$ 金属基复合材料、铝合金 Al-Mg-Si 和钛合金 Ti53311S 等不同类型材料中的验证，基于 MATLAB GUI 加工图软件的加工图能准确直观地反映出材料在不同变形条件下的组织演变规律，为研究材料的热变形工艺提供了更为便捷有效的方法。和文献中的加工图相比，加工图软件具有精确的预测效果和广泛的适用性。

（2）第 2 章中推导的基于 Prasad 失稳判据和 Murty 失稳判据相似性证明是正确的，与所应用的材料无关。

# 5 高合金材料热加工性能及组织演变

随着我国现代化工业建设和国防建设的逐步发展，航空航天业、装备制造业等"高、精、尖"领域对于高合金材料的需求量日益增长，因此迫切希望掌握各类高合金材料生产工艺技术特点。然而，我国在高合金材料的设计和制造方面起步较晚，与国外研究相比在理论、工艺和制造等方面均存在较大的差距。高合金材料的热加工生产具有变形抗力大、可加工温度高且工艺参数窗口窄等难点。此外，高合金材料熔炼成本高导致其实验成本较大，因此，通过热模拟实验结合数值模拟的方法可以经济且更好地对其生产工艺进行研究。

金属热加工变形的目的不仅是为了获得所需要的产品形状，而且还要获得理想的组织和优异的性能，而金属的热加工过程通常是在其再结晶温度以上进行的，为了避免成型过程中金属内部出现各种缺陷，应该选择合理的热加工工艺参数，包括变形温度、应变速率、变形量等。热加工图理论则是基于上述考虑，并结合实际变形情况建立起来的，它能够如实地反映在各种变形温度和应变速率下，材料变形时内部组织的变化机制，并且可对材料的可加工性进行评估，热加工图对确定材料的热加工工艺参数有很大的意义。热加工图理论在材料研究领域，尤其是在研究新材料的高温塑性变形性能等方面显示出极大地优越性，并广泛应用于研究铝合金、镁合金、镍基合金以及不锈钢等材料的热加工性能。

本章以两种典型的高合金材料（AISI 420 马氏体不锈钢和 Incoloy 800H 铁镍基耐蚀合金）为例，在热模拟实验的基础上，绘制了基于 DMM 模型的热加工图，并结合微观组织的演变规律，分析了热加工过程中的失稳区，可用于优化热加工工艺参数。

# 5.1 AISI 420 马氏体不锈钢热加工性能

## 5.1.1 真应变-真应力曲线

AISI 420 不锈钢属于马氏体型不锈耐热钢，因具有高强度、高韧性、高耐蚀性、抗氧化性和足够的热强性，使其具有良好的综合力学性能而广泛地应用于汽轮发动机转子末级叶片、紧固螺栓以及对抗蚀性和强韧性要求较高的容器和构件上[64~66]。本实验所用材料 AISI 420 不锈钢是由东北特钢生产，其化学成分见表 5-1。实验材料 AISI 420 不锈钢是由锻造开坯轧制成的 $\phi$ 30mm 棒材。

表 5-1 实验用 AISI 420 不锈钢的化学成分（质量分数,%）

| C | Si | Mn | P | S | Cr | Ni |
|---|----|----|---|---|----|----|
| 0.190 | 0.68 | 0.69 | 0.041 | 0.0018 | 12.16 | 0.10 |

实验工艺如图 5-1 所示，试样均以 20℃/s 的速度加热到 1200℃，然后保温 3min，再以 10℃/s 的冷却速度冷却到设定的变形温度，为使试样内外温差一致，变形前在设定的变形温度下再保温 30s，然后在该变形温度下、以一定的变形速率对试样进行单道次压缩变形。每个试样的总压下量是 60%（真应变 0.92），变形结束后试样立即进行淬水冷却以保留高温变形组织。变形过程中系统自动采集真应力、真应变以及变形温度等数据。淬火后的试样沿热电偶处轴向切开，磨制成金相试样，用自配腐蚀剂腐蚀奥氏体晶界，在光学显微镜下观察变形后的形貌特征。

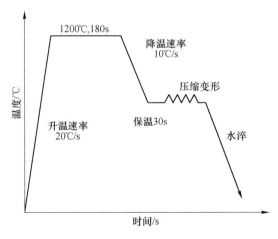

图 5-1 单道次压缩实验示意图

将不同变形温度、不同应变速率的实验试样进行汇总，具体的实验参数见表5-2。

**表5-2 单道次压缩实验工艺参数**

| 变形温度 $T/℃$ | 应变速率 $\dot{\varepsilon}/s^{-1}$ |
|---|---|
| 950 | 0.01、0.1、1、10 |
| 1000 | 0.01、0.1、1、10 |
| 1050 | 0.01、0.1、1、10 |
| 1100 | 0.01、0.1、1、10 |
| 1150 | 0.01、0.1、1、10 |

图5-2和图5-3所示是采用Origin软件对AISI 420不锈钢在变形温度

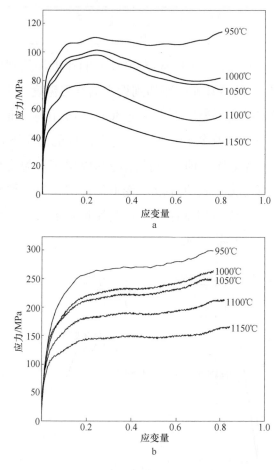

**图5-2 AISI 420不锈钢在不同温度下的真应力-真应变曲线**

$$a—\dot{\varepsilon}=0.01s^{-1}；b—\dot{\varepsilon}=10s^{-1}$$

为 950 ~ 1150℃、应变速率为 0.01 ~ 10s$^{-1}$、真应变为 0.92 时的单道次压缩
实验数据进行分析处理并绘制的真应力-真应变曲线。

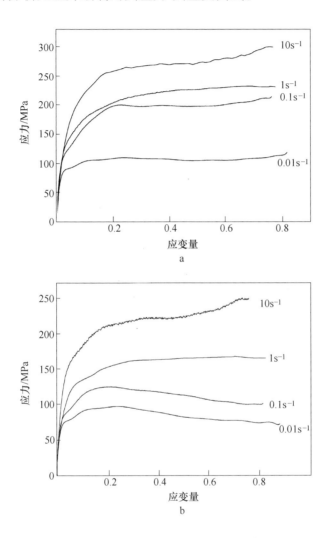

图 5-3 AISI 420 不锈钢在不同应变速率下的真应力-真应变曲线

a— $t$ = 950℃; b— $t$ = 1050℃

## 5.1.2 热加工图的建立

表 5-3 为从单道次压缩实验的真应力-真应变曲线中获取的不同应变量、
不同应变速率和变形温度下的应力值，用于加工图的制作。

**表 5-3  AISI 420 不锈钢在不同变形条件下的应力值**

| 应 变 | 应变速率 | 温度/℃ | | | | |
|---|---|---|---|---|---|---|
| | | 950 | 1000 | 1050 | 1100 | 1150 |
| 0.3 | 0.01 | 108.43 | 98.87 | 94.95 | 72.87 | 51.51 |
| | 0.1 | 197.27 | 156.86 | 121.25 | 91.13 | 81.18 |
| | 1 | 217.21 | 169.53 | 160.99 | 149.75 | 118.26 |
| | 10 | 266.32 | 229.17 | 218.35 | 186.35 | 145.30 |
| 0.4 | 0.01 | 107.17 | 94.02 | 89.30 | 65.95 | 45.47 |
| | 0.1 | 198.67 | 155.63 | 117.89 | 86.98 | 76.72 |
| | 1 | 223.34 | 174.10 | 166.66 | 153.20 | 120.33 |
| | 10 | 268.95 | 231.41 | 221.62 | 188.21 | 148.11 |
| 0.5 | 0.01 | 105.01 | 87.18 | 82.60 | 58.98 | 40.51 |
| | 0.1 | 197.75 | 152.36 | 113.21 | 81.81 | 71.10 |
| | 1 | 231.55 | 179.18 | 170.20 | 154.55 | 119.33 |
| | 10 | 271.72 | 234.28 | 224.83 | 186.87 | 146.37 |
| 0.6 | 0.01 | 105.37 | 82.00 | 79.53 | 54.01 | 37.31 |
| | 0.1 | 200.67 | 150.82 | 106.81 | 78.15 | 67.07 |
| | 1 | 243.80 | 187.00 | 177.62 | 159.28 | 120.56 |
| | 10 | 280.10 | 241.17 | 230.73 | 192.04 | 148.01 |

根据表 5-3 的数据，采用最小二乘法对一定应变和温度下的 $\log\sigma$ 与 $\log\dot{\varepsilon}$ 进行一元线性回归分析，如图 5-4 所示。其一元线性相关系数在 0.95 左右，说明 $\log\sigma$ 与 $\log\dot{\varepsilon}$ 之间线性关系显著，即 AISI 420 不锈钢的加工流变行为服从幂指数方程，因此可用 DMM 来完成 AISI 420 不锈钢加工图的制作。

从表 5-3 中选取某一应变下不同变形温度和不同应变速率的应力值，采用如式 (5-1) 所示的三次样条函数拟合 $\log\sigma$ 与 $\log\dot{\varepsilon}$ 的函数关系，回归求得常数 $a$、$b$、$c$ 和 $d$ 的值。

$$\log\sigma = a + b\log\dot{\varepsilon} + c(\log\dot{\varepsilon})^2 + d(\log\dot{\varepsilon})^3 \tag{5-1}$$

对式 (5-1) 方程两边同时对 $\log\dot{\varepsilon}$ 求导，可得：

$$m = \frac{\partial\log\sigma}{\partial\log\dot{\varepsilon}} = b + 2c\log\dot{\varepsilon} + 3d(\log\dot{\varepsilon})^2 \tag{5-2}$$

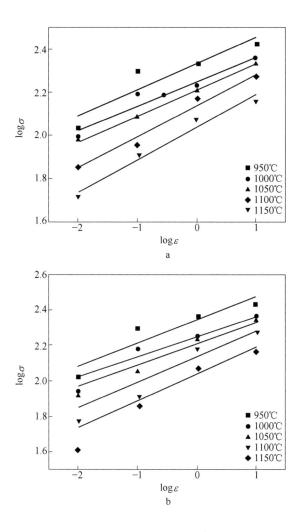

图 5-4 不同应变下的 $\log\sigma$ 与 $\log\dot{\varepsilon}$ 的关系曲线

a—$\dot{\varepsilon}$ = 0.3；b—$\dot{\varepsilon}$ = 0.5

根据式（5-2）求得的应变速率敏感系数 $m$ 值，即可求得不同应变速率下的 $\eta$ 值，在由温度和应变速率所构成的平面内绘制出不同应变量下的功率耗散系数等值线图，即为功率耗散图，如图 5-5 所示。

$$\xi(\dot{\varepsilon}) = \frac{\partial\ln\left(\dfrac{m}{m+1}\right)}{\partial\left(\dfrac{m}{m+1}\right)}\frac{\partial\left(\dfrac{m}{m+1}\right)}{\partial m}\frac{\partial m}{\partial\ln\dot{\varepsilon}} + m < 0 \qquad (5\text{-}3)$$

整理得到：

$$\xi(\dot{\varepsilon}) = \frac{m+1}{m} \frac{1}{(m+1)^2} \frac{\partial m}{\partial \ln \dot{\varepsilon}} + m < 0 \qquad (5\text{-}4)$$

$$\xi(\dot{\varepsilon}) = \frac{1}{m(m+1)} \frac{\partial m}{\partial \ln \dot{\varepsilon}} + m < 0 \qquad (5\text{-}5)$$

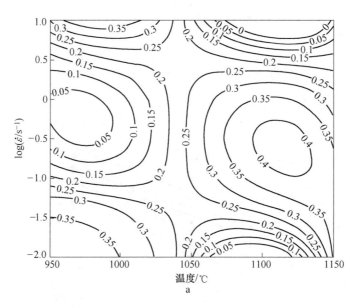

a

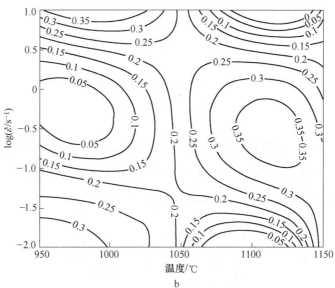

b

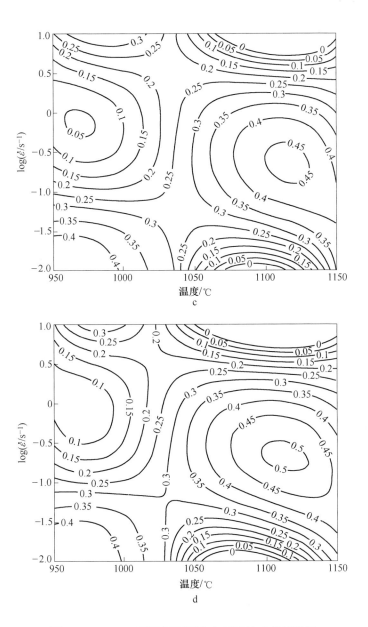

图 5-5 AISI 420 不锈钢不同应变量下的功率耗散图

a—$\dot{\varepsilon}$ = 0.3；b—$\dot{\varepsilon}$ = 0.4；c—$\dot{\varepsilon}$ = 0.5；d—$\dot{\varepsilon}$ = 0.6

或：

$$\xi(\dot{\varepsilon}) = \frac{1}{2.3m(m+1)}\frac{\partial m}{\partial \log\dot{\varepsilon}} + m < 0 \qquad (5-6)$$

将式（5-2）方程两边同时对 $\log\dot\varepsilon$ 求导，可得：

$$\frac{\partial m}{\partial\log\dot\varepsilon} = 2c + 6d\log\dot\varepsilon \tag{5-7}$$

利用回归得到的 $c$ 和 $d$ 的值，代入式（5-7），将求得的结果结合式(5-6)即可求出不同应变速率下的 $\xi$ 值。在温度和应变速率平面内绘出不同应变下的 $\xi$ 值的等值线图，在图上标出 $\xi$ 值为负的区域即为流变失稳区，该图即为流变失稳图，如图5-6所示。

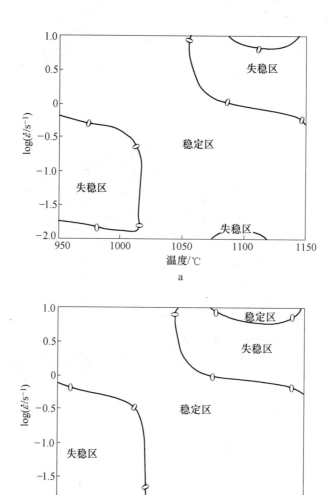

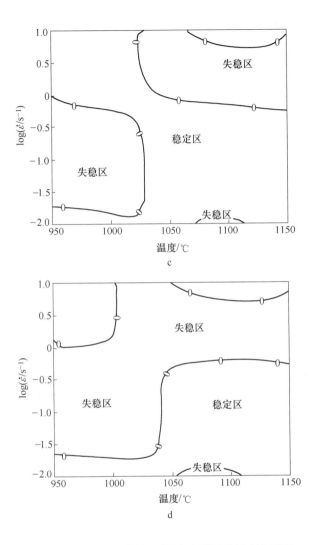

图 5-6 AISI 420 不锈钢不同应变量下的流变失稳图

a—$\dot{\varepsilon}$ =0.3；b—$\dot{\varepsilon}$ =0.4；c—$\dot{\varepsilon}$ =0.5；d—$\dot{\varepsilon}$ =0.6

由图 5-5 可知，应变量对能量耗散效率 $\eta$ 值的变化有一定的影响，但不是很明显，且变化趋势相同，随着应变的增加，能量耗散效率 $\eta$ 逐渐增加。而由图 5-6 可知，随着应变量的增加，低温低应变速率失稳区向高温高应变速率方向发展，而高温高应变速率失稳区又向低温低应变速率方向延伸，最后两失稳区捏合在一起，形成一长条形失稳区。另外，在高温低应变速率的失稳区的范围也随应变量的增加而缓慢增加。

（1）$\dot{\varepsilon} = 0.3$：从图5-5a和图5-6a中的热加工图可以看出，流变失稳区共有三个，第一个区域是变形温度在950～1020℃，应变速率为0.018～0.6s$^{-1}$；第二个区域是变形温度在1060～1150℃，应变速率为0.7～10s$^{-1}$；第三个区域是变形温度在1075～1120℃，应变速率为0.01～0.014s$^{-1}$；其余的区域均为稳定区。此时，根据动态材料模型理论，稳定区中耗散效率高的区域用于微观组织演变的功率较多，往往对应于较佳的热加工性能区，故最佳工艺参数范围为变形温度1070～1140℃，应变速率0.09～0.35s$^{-1}$时之间的区域，在这区域内进行加工能量耗散率$\eta$可达到0.35左右。

（2）$\dot{\varepsilon} = 0.4$：最佳工艺参数范围为变形温度1075～1140℃，应变速率0.11～0.3s$^{-1}$时之间的区域，在这区域内进行加工能量耗散率$\eta$可达到0.4左右。失稳区共有三个，第一个区域是变形温度在950～1030℃，应变速率为0.019～0.75s$^{-1}$；第二个区域是变形温度在1050～1150℃，应变速率为0.75～10s$^{-1}$；第三个区域是变形温度在1070～1130℃，应变速率为0.01～0.015s$^{-1}$。

（3）$\dot{\varepsilon} = 0.5$：耗散效率峰值区域为变形温度1100～1130℃，应变速率0.15～0.28s$^{-1}$时之间的区域，在这区域内进行加工能量耗散率$\eta$可达到0.45左右。失稳区共有三个，第一个区域是变形温度在950～1035℃，应变速率为0.015～1s$^{-1}$；第二个区域是变形温度在1030～1150℃，应变速率为0.85～10s$^{-1}$；第三个区域是变形温度在1065～1115℃，应变速率为0.01～0.015s$^{-1}$。

（4）$\dot{\varepsilon} = 0.6$：失稳区缩减为两个，低温低应变速率失稳区与高温高应变失稳区结合在一起形成一大范围失稳区。耗散效率峰值区域为变形温度1085～1125℃，应变速率0.12～0.31s$^{-1}$之间的区域，在这区域内进行加工能量耗散率$\eta$可达到0.5左右。

### 5.1.3  加工图中的峰值区

从图5-5d中还可以看出，真应变$\varepsilon = 0.6$时形成一个功率耗散峰区，其对应的变形参数为：变形温度范围为1085～1125℃，变形速率范围为0.12～0.31s$^{-1}$。峰值功率耗散因子值为0.5。从真应力-真应变曲线可知，该区域的曲线都处在应力峰值过后的下坡处，说明该处试样已经发生动态再结晶，是一个良好的变形区域。图5-7a为变形温度为1100℃，变形速率为0.2s$^{-1}$时的组织，图5-7b是变形温度为1100℃，变形速率为0.3s⁻¹时的组织，从图中可以看出，变形组织都已发生了较为充分的动态再结晶，晶粒细化明显。

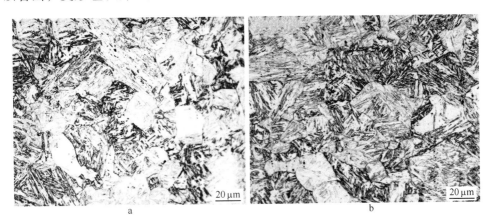

图5-7　应变为0.6时AISI 420不锈钢在耗散系数峰值区域的动态再结晶组织

a—1100℃，0.2s⁻¹；b—1100℃，0.3s⁻¹

### 5.1.4　加工图中的失稳区

从加工图中可以看出，最容易发生失稳的区域与功率耗散系数谷值区具有一定的重合度。因此，失稳可能性最大的区域主要集中在三个：变形温度为950~1000℃，应变速率在0.05~0.5s⁻¹的区域；变形温度为1150℃左右，应变速率在10s⁻¹左右的区域；变形温度为1050℃，应变速率在0.01~0.015s⁻¹区域。

以真应变$\varepsilon=0.6$为例，图5-8a是温度为950℃、应变速率为0.1s⁻¹时压

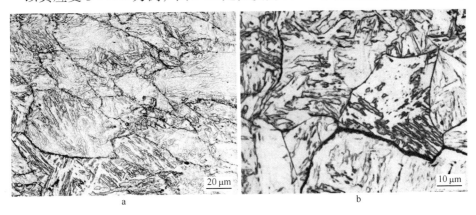

图5-8　应变为0.6时塑性失稳区域对应的金相组织

a—950℃，0.1s⁻¹；b—1150℃，10s⁻¹

缩试样的组织照片，照片显示的缺陷是部分晶粒粗大，晶粒不均匀，这对 AI-SI 420 钢的加工性能不利。图 5-8b 为变形温度为 1150℃、应变速率为 $10s^{-1}$ 时压缩试样的组织照片，照片中组织有碳化物在晶界偏聚，弱化晶界，变形时产生晶界裂纹。

## 5.2 Incoloy 800H 铁镍基耐蚀合金热加工性能

### 5.2.1 真应力-真应变曲线

800 系列合金是美国 Inco-Corporation 公司于 1949 年开发的镍铬铁耐蚀合金。早期的合金牌号是 Incoloy 800（以下简称 800 合金），该合金在高温下能长时间保持一种稳定的奥氏体结构，合金在高温环境下具有高强度、良好的抗氧化和抗渗碳能力的特点，在液体环境下具有抗腐蚀能力。早期应用于军事和航空领域，20 世纪 50 年代起 800 合金广泛应用于石油化工领域中转化炉设备的制造，并用于制造工艺管道、热交换器、渗碳设备、加热元件保护罩和核蒸汽发生器管形材料[67~69]。

本次实验的合金由上海宝钢特殊钢分公司提供，其化学成分见表 5-4。来料为热轧成品板材（板厚为 11mm），开轧温度为 1050℃，终轧温度为 850℃。成品钢板热处理（固溶处理）温度为 1140℃，时间为 1.5~2.0h（水冷）。

表 5-4　实验用 800H 合金化学成分（质量分数,%）

| C | Mn | S | Si | Ni | Cr | Al | Ti | Se | Cu | Pb | N | Bi | Fe |
|---|---|---|---|---|---|---|---|---|---|---|---|---|---|
| 0.068 | 0.08 | 0.006 | 0.31 | 30.5 | 20.2 | 0.36 | 0.34 | 0.001 | 0.02 | 0.002 | 0.013 | 0.001 | 48.7 |

采用 MMS-300 热力模拟实验机进行等温恒应变速率单道次压缩实验。实验温度为：850℃、900℃、950℃、1000℃、1050℃，应变速率为 $0.01s^{-1}$、$0.05s^{-1}$、$0.1s^{-1}$、$0.5s^{-1}$、$1s^{-1}$、$5s^{-1}$、$10s^{-1}$，高度压缩率为 60%（相当于等效应变 0.92）。线切割加工成为 $\phi8mm \times 15mm$ 热模拟圆柱试样，上下端面加工有润滑剂储槽。采用电阻法直接加热试样，热电偶焊于试样表面以控制温度。圆柱试样两端面涂有石墨粉状润滑剂，以减小接触面的摩擦，避免不均匀变形。试样加热方式为高频感应加热，为了保证试样温度均匀性，首先以 20℃/s 的速度加热到 1120℃，保温 3min，再以 10℃/s 的速度冷却到不同

的变形温度，保温 2min，然后开始恒应变速率压缩变形。热变形完成后立即水淬以保留高温变形组织，然后沿热电偶处轴向切开，机械研磨制成金相试样，实验工艺制度如图 5-9 所示。

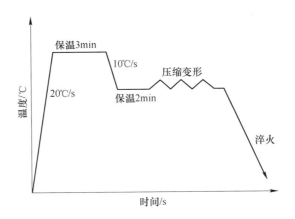

图 5-9 单道次压缩实验示意图

图 5-10 是采用 Origin 软件对 800H 合金在变形温度为 850～1100℃、应变速率为 0.01～10s$^{-1}$、真应变为 0.92 时的单道次压缩实验数据进行分析处理并绘制的真应力-真应变曲线。

### 5.2.2 热加工图的建立

为了能够宏观且统一地描述金属材料热加工过程中流变行为、热加工性和变形参数之间的关系，Prasad 等人[70] 提出了 DMM 的概念，并在此基础上提出了加工图理论与技术。根据这一模型，热加工材料体系可以看作是一个非线性能量耗散体，功率耗散系数 $\eta$ 可以表征出能量耗散特征与微观组织之间的关系：

$$\eta = \frac{2m}{m+1} \qquad (5\text{-}8)$$

式中，$m$ 为应变速率敏感因子，$m = \mathrm{d}(\lg\sigma)/\mathrm{d}(\lg\dot{\varepsilon})$。$\eta$ 本质上描述了工件在相应变形温度和应变速率范围内的微观变形机制。功率耗散系数随温度和应变速率的变化就构成了功率耗散图，功率耗散图表征了材料微观组织改变时耗散的功率。由于塑性变形过程中各种损伤（如空洞形成和楔形开裂等）以及冶金

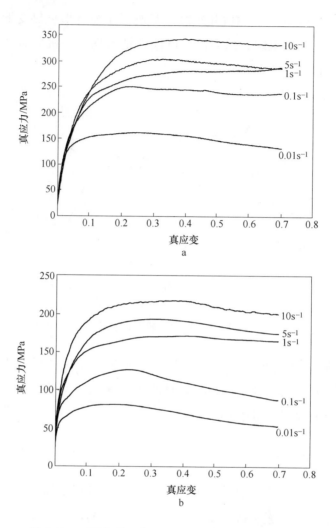

图 5-10  不同变形温度下 800H 合金的流变应力曲线

a—$T = 950℃$；b—$T = 1050℃$

变化（如动态回复、DRX 等）都耗散能量，因此，在功率耗散图中并不是 $\eta$ 值越大，材料的可加工性能越好。因为在加工失稳区 $\eta$ 值也可能会较高，所以应该先判断出材料的加工失稳区。为了能够准确预测流变失稳出现的"失稳区"，Kumar[71] 基于 DMM 和 Ziegler[72] 塑性流变理论提出了失稳判据：

$$\xi(\dot{\varepsilon}) = \frac{\partial\ln\left[m/(m+1)\right]}{\partial\ln\dot{\varepsilon}} + m < 0 \tag{5-9}$$

失稳参数 $\xi$ 作为变形温度和应变速率的函数，在功率耗散图上标出该参

数为负值的区域为流变失稳区，该图即为流变失稳图。上述流变失稳判据具
有特定的物理意义，如果系统不能以大于施加在系统上的应变速率产生熵，
那么系统就会产生局部流变或者形成流变失稳。

由式（5-9）可得：

$$\xi(\dot{\varepsilon}) = \frac{\partial \ln\left[m/(m+1)\right]}{\partial\left[m/(m+1)\right]} \frac{\partial\left[m/(m+1)\right]}{\partial m} \frac{\partial m}{\partial \ln\dot{\varepsilon}} + m < 0 \qquad (5-10)$$

整理得到：

$$\xi(\dot{\varepsilon}) = \frac{1}{2.3m(m+1)} \frac{\partial m}{\partial \log\dot{\varepsilon}} + m < 0 \qquad (5-11)$$

表 5-5 为从单道次压缩实验的真应力-真应变曲线中获取的不同应变量、
不同应变速率和变形温度下的应力值，用于加工图的制作。根据式（5-2）求
得的应变速率敏感系数 $m$ 值，即可求得不同应变速率下的 $\eta$ 值，在由温度和
应变速率所构成的平面内绘制出不同应变量下的功率耗散系数等值线图，即
为功率耗散图，如图 5-11 所示。

表 5-5　800H 合金在不同变形条件下的应力值

| 应 变 | 应变速率/s$^{-1}$ | 温度/℃ | | | | | |
|---|---|---|---|---|---|---|---|
| | | 850 | 900 | 950 | 1000 | 1050 | 1100 |
| 0.3 | 0.01 | 278.95 | 207.82 | 160.06 | 121.45 | 83.33 | 75.87 |
| | 0.1 | 322.09 | 282.96 | 246.24 | 188.53 | 145.19 | 121.39 |
| | 1 | 338.08 | 311.14 | 274.56 | 238.04 | 199.07 | 170.53 |
| | 10 | 394.65 | 359.47 | 336.63 | 277.38 | 253.98 | 215.45 |
| 0.4 | 0.01 | 269.56 | 202.35 | 155.41 | 114.13 | 76.46 | 69.09 |
| | 0.1 | 320.5 | 278.68 | 245.24 | 178.25 | 140.81 | 109.96 |
| | 1 | 343.39 | 316.65 | 280.57 | 242.46 | 201.72 | 171.38 |
| | 10 | 408.56 | 367.52 | 343.85 | 279.75 | 254.81 | 216.81 |
| 0.5 | 0.01 | 258.74 | 194.9 | 147.02 | 105.34 | 70.46 | 62.07 |
| | 0.1 | 318.64 | 275.7 | 240.4 | 169.39 | 130.07 | 101.38 |
| | 1 | 346.5 | 313.3 | 281.1 | 240.48 | 199.31 | 168.5 |
| | 10 | 405.54 | 362.18 | 338.59 | 274.57 | 246.26 | 209.8 |
| 0.6 | 0.01 | 253.49 | 187.14 | 138.89 | 97.7 | 63.73 | 56.05 |
| | 0.1 | 313.73 | 270.17 | 236.85 | 158.61 | 120.45 | 95.35 |
| | 1 | 348.9 | 311.21 | 282.31 | 242.08 | 197.37 | 166.97 |
| | 10 | 406.9 | 360.15 | 333.56 | 269 | 242.84 | 203.45 |

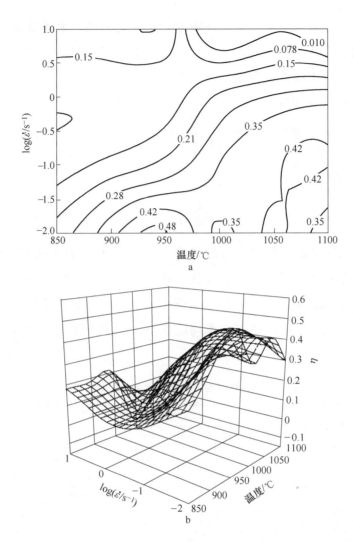

图 5-11　800H 合金的功率耗散图（$\dot{\varepsilon}=0.6$）

a—等值线图；b—3D 功率耗散图

## 5.2.3　加工图中的峰值区

图 5-11 中包含以下 2 个 $\eta$ 值峰值区：峰值区 Ⅰ 的峰值效率约为 48%，其对应的变形条件为 940℃ 和 $0.01\,\mathrm{s}^{-1}$。图 5-12a 显示该峰值区附近变形试样的金相组织：仍有少量原始变形奥氏体晶粒以及 PPB 结构存在；再结晶晶粒呈等轴型，尺寸细小且均匀，晶界平直，部分晶粒内部形成退火孪晶；随着变形温度的升高，DRX 过程趋于完全，PPB 结构完全消失，再结晶晶粒尺寸也

有显著增大。如图 5-9a 所示，该区域对应的流变应力曲线具有明显的峰值应力，表现出明显的流变软化特征。峰值区 Ⅱ 的峰值效率约为 42%，这与 Fe-Ni-Cr 基合金的典型动态再结晶功率耗散系数值相接近，其对应的变形条件为 1050℃ 和 0.01s$^{-1}$。如图 5-12b 所示，等轴晶粒尺寸相对于 Ⅰ 区明显变大，再结晶晶粒内部基本都有退火孪晶。此区域为典型的完全再结晶区，细小均匀的再结晶有利于后续加工，因此制定加工工艺应优先选择该区域。

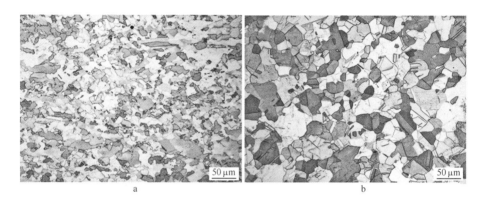

图 5-12　加工图 $\eta$ 值峰值区 800H 合金的 DRX 组织

a— 950℃，$\dot{\varepsilon} = 0.01s^{-1}$；b—1050℃，$\dot{\varepsilon} = 0.01s^{-1}$

合金再结晶晶粒尺寸和功率耗散效率与温度的关系如图 5-13 所示。由此可见，随着变形温度的升高和应变速率的降低，再结晶晶粒尺寸变大。当应变速率较低时，如图 5-13a 所示，晶粒尺寸随温度的升高有一个急剧增大的温度区间，在该温度范围内 $\eta$ 值也存在极小值，由于该温度区间在 1000℃ 附近，这与 800H 合金中 $Cr_{23}C_6$ 完全溶解温度及 $Ti(C,N)$ 加速溶解温度区间相接近，所以是由于析出相的溶解导致晶粒长大所致。一般认为，低层错能材料发生 DRX 时的 $\eta$ 值为 35% 左右[73]，在峰值区 Ⅰ 的较大 $\eta$ 值是由于析出相在热变形过程中的钉扎作用所引起的。定量金相测试结果表明，800H 合金 DRX 在形核后迅速长大到一个特定尺寸，在随后的变形过程中晶粒尺寸无明显变化。DRX 晶粒尺寸主要由变形温度和应变速率所决定，因此，采用式 (5-12) 来描述 800H 合金再结晶晶粒尺寸 $d_{DRX}$ 与 $Z$ 参数[29]之间的关系。图 5-14 表示了 $\ln d_{DRX}$ 与 $\ln Z$ 之间存在良好的线性关系。

$$d_{DRX} = 2.62 \times 10^4 Z^{-0.20} \tag{5-12}$$

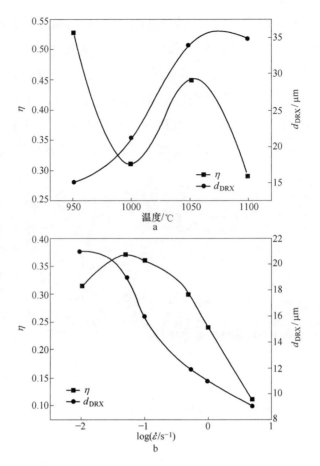

图 5-13 800H 合金再结晶晶粒尺寸和功率耗散系数与温度和应变速率的关系

a—$\dot{\varepsilon}$ = 0.01s$^{-1}$; b—$T$ = 1000℃

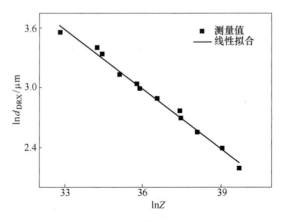

图 5-14 800H 合金再结晶晶粒尺寸与 Z 参数的关系

### 5.2.4 加工图中的失稳区

根据 800H 合金加工失稳区的分布，结合不同区域微观组织的变形特点，绘制了 800H 合金热变形机理图。如图 5-15 所示，失稳区主要分布在以下两个变形条件的区域：850 ~ 950℃，0.01 ~ 1s$^{-1}$ 以及 950 ~ 1100℃，0.3 ~ 10s$^{-1}$。在该区域内，功率耗散系数急剧减小。如图 5-16a 所示，在低温低速失稳区内，形变奥氏体晶粒被严重拉长，没有 DRX 发生的迹象，软化机制以动态回复（dynamic recovery，DRV）为主。在 800H 合金动态回复过程中，位错运动重排、聚集并缠结形成位错墙，如图 5-17a 所示，位错墙之间堆积了高密度的位错亚结构；随着变形温度的升高，位错墙不断吸收周围运动的位错，在不同滑移系作用下相互割裂组成位错胞结构（如图 5-17b 所示），进而演变成为亚晶界，同时位错密度大幅降低。原始奥氏体晶界的析出物对位错滑移以及晶界迁移具有一定的阻碍作用，使得奥氏体变形不均匀，严重的剪切变形甚至会形成微裂纹。如图 5-16b 所示，在高温高速失稳区内，由于不完全的 DRX，出现了混晶组织，该组织一般被认为是钢材中的缺陷组织，严重影响了 800H 合金承受较高蠕变载荷和交变应力的能力。在低温高速变形条件下（850 ~ 950℃，1 ~ 10s$^{-1}$），虽然失稳参数 $\xi$ 大于零，但是功率耗散系数低于 15%，材料在动态加载条件下出现严重塑性变形局部化现象，导致塑性变形产生的热量不能迅速向周围传递，造成局部流变应力下降，出现绝热剪切带，如

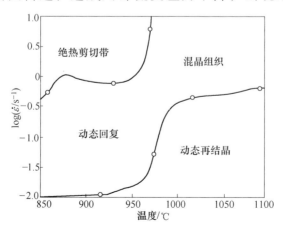

图 5-15  800H 合金的热变形机理图（$\dot{\varepsilon} = 0.6$）

图 5-16c 中箭头方向所示。因此，该区域变形参数也不适合热加工。剪切变形带一般出现在低温高应变速率的区域，由于大部分能量以热的形式耗散在剪切变形上，故其功率耗散系数一般较低。绝热剪切带形成的方向与主应力方向约成45°夹角，该区域的剪切变形非常集中，通常是裂纹形核的源头，导致材料塑性失稳。在变形过程中微裂纹将沿着绝热剪切带形核和扩展。随着变形温度的升高和应变速率的降低，绝热剪切带会逐渐消失。局部塑性流动的变形机理类似于绝热剪切带，试样发生局部变形，但变形程度较后者要稍小，其特征是形成锯齿形的微观带，约与主应力方向成 35° ~ 40° 夹角被拉长，一般也在高应变速率下产生，如图 5-16d 中箭头所示。因此，在制定热加工工艺时，应尽量避免上述 3 个流变失稳区域。

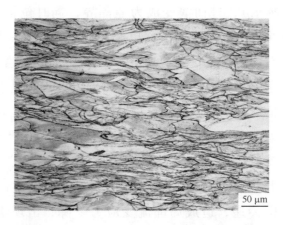

50 μm

a

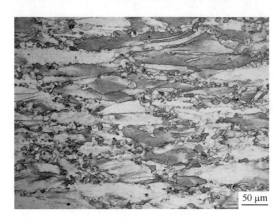

50 μm

b

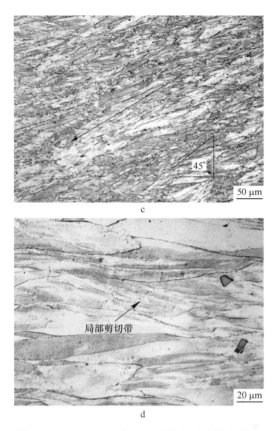

图 5-16　800H 合金在加工图失稳区的微观组织

a—850℃，0.5s$^{-1}$；b—1050℃，0.5s$^{-1}$；c—950℃，30s$^{-1}$；d—900℃，5s$^{-1}$

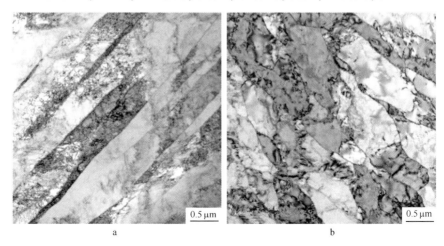

图 5-17　800H 合金动态回复过程中亚结构的演变

a—850℃，0.5s$^{-1}$；b—900℃，0.5s$^{-1}$

## 5.3 本章小结

本章以 AISI 420 马氏体不锈钢和 800H 铁镍基耐蚀合金的热模拟实验得到的真应力-真应变曲线数据为基础，建立了基于 DMM 模型的热加工图。通过热加工图，确定了在不同应变下的加工安全区和失稳区，并结合微观组织进行观察和分析。主要结论如下：

（1）通过基于动态材料模型的理论，建立了 AISI 420 钢在应变量为 0.3、0.4、0.5 和 0.6 的热加工图，该加工图给出了最佳的热连轧变形参数范围，同时也给出了热加工的失稳变形区范围。分析了钢在真应变为 0.6 时，热加工图中最佳变形区域，该区域主要处在高温低应变速率下，容易发生动态再结晶；同时应用金相组织照片，分析了加工图中不适合变形的区域及该区域主要存在的一些组织缺陷。

（2）在温度为 975 ~ 1100℃，应变速率为 0.01 ~ 0.3s$^{-1}$ 的区域内，800H 合金发生了 DRX。在该变形条件区域内，功率耗散系数值在 35% ~ 48% 之间，热变形后的组织细小且均匀。因此，该区域内的热变形条件可用于指导 800H 合金热加工工艺参数的制定。

# 6 结　　论

（1）对基于 DMM 的失稳判据和稳定判据以及 Montheillet 判据在不同材料中的应用进行了比较与分析；对基于 Ziegler 塑性流变理论的 Prasad 失稳判据和 Murty 失稳判据进行了相似性证明，并指出和分析了两种判据存在差异的原因；对基于 Lyapunov 函数稳定性准则 Gegel 稳定判据和 Malas 失稳判据进行了统一性证明。得出结论如下：

1）推导出基于 Ziegler 塑性流变理论的 Prasad 失稳判据的另一种形式：

$$\xi(\dot{\varepsilon}, T) = \frac{\partial m}{\partial \ln\dot{\varepsilon}} + m^2 + m^3 < 0$$

2）通过详细的推导证明了 Prasad 失稳判据和 Murty 失稳判据的相似性，并采用 IN718 合金的实验数据验证了这一结论。指出基于两种失稳判据表达式中的参数 $\eta_{MDMM}$ 和 $m$ 是产生失稳图上移现象的根本原因。

3）基于 Lyapunov 函数稳定性准则 Gegel 稳定判据和 Malas 失稳判据是统一的。

（2）简单介绍了国外两套用于加工图研究的软件系统，详细介绍了制作加工图的解析法和数值计算法的具体思路和优缺点。介绍了基于 MTALAB GUI 的加工图软件 Processing Map Software 的理论基础、软件模块、软件功能，并基于 PMS 采用 6061 铝合金的应力-应变速率对软件的部分功能进行了展示。

（3）验证了基于 MATLAB GUI 加工图软件在高温合金、粉末冶金材料、镁合金、双相钢不锈钢、金属基复合材料、铝合金、钛合金以及棒材热轧工艺中的适用性，同时也验证了基于 Prasad 失稳判据和 Murty 失稳判据相似性证明的正确性，并针对部分文献中加工图的构建与分析存在的问题进行进一步的分析和讨论。通过在高温镍基合金 IN600、Nimonic AP-1 高温合金、Mg-11.5Li-Al 合金、双相不锈钢 00Cr22Ni1Mo017N、粉末冶金 2124 Al-20 Vol. % SiC$_p$ 金属基复合材料、铝合金 Al-Mg-Si 和钛合金 Ti53311S 等不同类型材料中的验证，基于 MATLAB GUI 加工图软件的加工图能准确直观地反映出材料在不同变形条件下的组织演变规律，为研究材料的热变形工艺提供了更为便捷有效的方法。和文献中的加工图相比，加工图软件具有精确的预测效果和广泛的适用性。第 2 章中推导的基于 Prasad 失稳判据和 Murty 失稳判据相似性证明是正确的，与所应用的材料无关。

（4）以 AISI 420 马氏体不锈钢和 800H 铁镍基耐蚀合金的热模拟实验得到的真应力-真应变曲线数据为基础，建立了基于 DMM 模型的热加工图。通过热加工图，确定了在不同应变下的加工安全区和失稳区，并结合微观组织进行观察和分析。主要结论如下：

1）通过基于动态材料模型的理论，建立了 AISI 420 钢在应变量为 0.3、0.4、0.5 和 0.6 的热加工图，该加工图给出了最佳的热连轧变形参数范围，同时也给出了热加工的失稳变形区范围。分析了钢在真应变为 0.6 时，热加工图中最佳变形区域，该区域主要处在高温低应变速率下，容易发生动态再结晶；同时应用金相组织照片，分析了加工图中不适合变形的区域及该区域主要存在的一些组织缺陷。

2）在温度为 $975 \sim 1100℃$，应变速率为 $0.01 \sim 0.3 \mathrm{s}^{-1}$ 的区域内，800H 合金发生了 DRX。在该变形条件区域内，功率耗散系数值在 $35\% \sim 48\%$ 之间，热变形后的组织细小且均匀。因此，该区域内的热变形条件可用于指导 800H 合金热加工工艺参数的制定。

## 参 考 文 献

[1] Prasad V R K, Sasidhara (Eds.) S. Hot Working Guide: A Compendium of Processing Maps [M]. ASM International, Materials Park, OH, 1997: 2～10.

[2] Gegel H L, Malas J C, Doraivelu S M, et al. Metals Handbook 9th Edn. Vol. 14 [M]. ASM International, Metals Park, Ohio, 1987: 417.

[3] Prasad Y V R K. Recent advances in the science of mechanical processing [J]. Indian J. Technol. 1990 (28): 435.

[4] Frost H J, Ashby M F. Deformation mechanism maps, the plasticity and creep of metals and ceramics [M]. London: Pergamon Press, 1982: 265～276.

[5] Raj R. Development of a possessing map for use in warm forming and hot forming processes [J]. Metall Trans A, 1981, A12: 1089～1097.

[6] Prasad Y V R K, Gegel H L, Doraivelu S M, et al. Modelling of dynamic material behaviour in hot deformation: forging of Ti-6242 [J]. Metall. Trans. A, 1984 (15): 1883～1892.

[7] Narayana Murty S V S, Nageswara Rao B. On the development of instability criteria during hot working with reference to IN718 [J]. Mater Sci Eng A, 1998, 254: 76～82.

[8] Malas J C. Methodology for design and control of thermomechanical process [D]. Ph. D. Dissertation, Ohio University, Athens, OH, 1991.

[9] 鞠泉, 李殿国, 刘国权. 15Cr-25Ni-Fe 基合金高温塑性变形行为的加工图 [J]. 金属学报, 2006 (02): 218～224.

[10] Narayana Murty S V S, Nageswara Rao B. Instability map for hot working of 6061Al-10 Vol% Al$_2$O$_3$ metal matrix composite [J]. Journal of Physics D: Applied Physics, 1998, 31: 3306～3311.

[11] Babu N S, Tiwari S B, Nageswara Rao B. Modified instability condition for identification of unstable metal flow regions in processing maps of magnesium alloys [J]. Materials Science and Technology, 2005, 21(8): 976～982.

[12] Kutumbarao V V, Rajagopalachary T. Intrinsic hot workability map for a titanium alloy IMI 685 [J]. Bull. Mater. Sci., 1996 (19): 677～698.

[13] Rajagopalachary T, Kutumbararao V V. Recent developments in the modeling of metallic materials [J]. Scripta Mater., 1996 (35): 311～316.

[14] Narayana Murty S V S, Nageswara Rao B, Kashyap B P. On the relationship between the intrinsic hot workability parameters of DMM and PRM [J]. Scand. J. Metall., 2003: 185～193.

[15] Montheillet F, Jonas J J, Neale K W, et al. Modeling of dynamic material behavior: a critical

evaluation of the dissipator power co-content approach [J]. Mater. Trans. A, 1996 (27A):
232 ~ 235.

[16] Narayana Murty S V S, Nageswara B. On the dynamic material model for the hot deformation of
materials[J]. Journal of materials science letters, 1999(18): 1757 ~ 1758.

[17] 鲁世强, 李鑫, 等. 用于控制材料热加工组织与性能的动态材料模型理论及其应用[J].
机械工程学报, 2007, 43(08): 77 ~ 83.

[18] 鲁世强, 李鑫, 等. 基于动态材料模型的材料热加工工艺优化方法[J]. 中国有色金属
学报, 2007, 17(06): 889 ~ 896.

[19] 高珊. 应用 processing map 研究 D2 钢的高温变形行为 [D]. 沈阳：东北大学, 1997:
85 ~ 86.

[20] Cavaliere P, Cerri E. Hot deformation and processing maps of a particulate reinforced 2618/
Al$_2$O$_3$/20p metal matrix composite [J]. Composites Science and Technology, 2004, 64:
1287 ~ 1291.

[21] Narayana Murty S V S, Nageswara Rao B. On the flow localization concepts in the processing
maps of IN 718[J]. Materials Science & Engineering A, 1999, 267: 159 ~ 161.

[22] Narayana Murty S V S, Nageswara Rao B, Kashyap B P. Identification of flow instabilities in
the processing maps of AISI 304 stainless steel[J]. Journal of Materials Processing Technology,
2005, 166: 268 ~ 278.

[23] 刘娟, 崔振山, 李从心. 镁合金 ZK60 的三维加工图及失稳分析[J]. 中国有色金属学
报, 2008(06): 1020 ~ 1025.

[24] Radhakrishna Bhat B V, Mahajan Y. R, Roshan H Md, et al. Characteristics of superplastici-
ty domain in the processing map for hot working of an Al alloy 2014-20Vol. % Al$_2$O$_3$ metal ma-
trix composite[J]. Mater. Sci. Eng. , 1994(4189): 137 ~ 145.

[25] Yuanzhu Wang. Comment on "Characteristics of superplasticity domain in the processing map
for hot working of an Al alloy 2014-20Vol. % Al$_2$O$_3$ metal matrix composite" [J]. Ma-
ter. Sci. Eng. A, 1996(212): 178 ~ 181.

[26] Gegel H L. Synthesis of atomistic and continuum modeling to describe microstructure, computer
simulation in materialsscience[M]. OH: ASM, 1986: 291 ~ 344.

[27] 邱青. 标量 Lyapunov 函数法的改良[J]. 数学杂志, 2003(23): 113 ~ 116.

[28] 高会军, 王常虹. 不确定离散系统的鲁棒 $l_2$-$l_\infty$ 及 $H_\infty$ 滤波新方法[J]. 中国科学 （E
辑）, 2003(33): 695 ~ 696.

[29] Poletti C, Degischer H P, Kremmer S, et al. Processing maps of Ti662 unreinforced and rein-
forced with TiC particles according to dynamic models[J]. Materials Science and Engineering:

A, Volume 486, Issues1-2, 15 July 2008: 127 ~ 137.

[30] Bakkali El Hassani F, Chenaoui A, Dkiouak R, et al. Characterization of deformation stability of medium carbon microalloyed steel during hot forging using phenomenological and continuum criteria[J]. Journal of Materials Processing Technology, 2008, 199: 140 ~ 149.

[31] Spigarelli S, Cerri E, Cavaliere P, et al. An analysis of hot formability of the 6061 + 20% $Al_2O_3$ composite by means of different stability criteria[J]. Mater. Sci. Eng. A, 2002(327).

[32] Srinivasan N, Prasad Y V R K. Microstructural control in hot working of IN 718 superalloy using processing map[J]. Metallurgical Transactions A, 1994(25): 2275 ~ 2284.

[33] Narayana Murty S V S, Nageswara Rao B, Kashyap B P. Processing maps for the hot deformation of alpha-2 aluminide alloy Ti-24Al-11Nb[J]. J. Mater. Sci., 2002, 37: 1197 ~ 1201.

[34] Narayana Murty S V S, Nageswara Rao B, Kashyap B. P. Development and Validation of a Processing Map for Zirconium alloys [J]. Mod. and Sim. Mat. Sci. Eng., 2002, 10: 503 ~ 520.

[35] Narayana Murty S V S, Nageswara R B, Kashyap B P. Instability criteria for hot deformation of materials[J]. Inter Mater Rev., 2000, 45(1): 15 ~ 26.

[36] Srivats Gopinath. Automation of the data analysis system used in process modeling appilition, Master Dissertation, Ohio University, Athens, OH, 1986.

[37] Jagadish Nanjappa. Web-based dynamic material modeling, Master Dissertation, Ohio University, Athens, OH, 2002.

[38] James C. Malas, Ⅲ, Methodology for design and control of thermomechancal processes, Ohio University, Athens, OH, 1991.

[39] Nho-Kwang Park, Jong-Taek Yeom, Young-Sang Na. Characterization of deformation stability in hot forging of conventional Ti-6Al-4V using processing maps[J]. Journal of Materials Processing Technology, 2002(130 ~ 131): 540 ~ 545.

[40] Juan Liu, Zhenshan Cui, Congxin Li. Analysis of metal workability by integration of FEM and 3-D processing maps[J]. Journal of materials processing technology, 2008(205): 497 ~ 505.

[41] Gronostajski Z. Deformation processing map for control of microstructure in CuAl9. 2Fe3 aluminium bronze[J]. Archives of Metallurgy, 2001(46): 351 ~ 360.

[42] Cars M, Rieiro I, Jiménez J A. Forming stability of an Al-Ti-Mo intermetallic compound and its dependence on microstructure[J]. Journal of Materials Processing Technology, 2003(143 ~ 144): 416 ~ 419.

[43] Li M Q, Zhang W F. Effect of hydrogen on processing maps in isothermal compression of Ti-6Al-4V titanium alloy[J]. Materials Science and Engineering A, 2009(502): 32 ~ 37.

[44] Narayana Murty S V S, Nageswara Rao B. On the flow localization concepts in the processing maps of Ti-24Al-20Nb［J］. Journal of Materials Processing Technology, 2000, 104：103～109.

[45] 薛定宇, 陈阳泉. 高等应用数学问题的 MATLAB 求解［M］. 北京：清华大学出版社, 2004.

[46] 罗华飞. MATLAB GUI 设计学习手记［M］. 北京：北京航空航天大学出版社, 2009.

[47] Sarkar J, Prasad Y V R K, Surappa M K. Optimization of hot workability of an Al-Mg-Si alloy using processing maps［J］. Journal of Materials Science, 1995(30)：2843～2848.

[48] Srinivasan N, Prasad Y V R K. Processing map for hot working of Ni-16Cr-8Fe alloy( IN 600) ［J］. Materials Science and Technology, 1994(10)：377～384.

[49] Narayana Murty S V S, Nageswara Rao B, Kashyap B P. Identification of flow instabilities during hot working of powder metallurgy superalloy IN600［J］. Nowder Metallurgy, 2001, 44：165～170.

[50] Somanic M C, Bhagiradha Rao E S, Birla N C, et al. Processing map for controlling microstructure in hot working of hot isostatically pressed powder metallurgy nimonic AP-1 superalloy ［J］. Metallurgical Transactions A, 1992(23)：2847～2857.

[51] Somani M C, Birla N C, Singh V, et al. Microstructural validation of processing maps using hot extrusion of P/M nimonic AP-1 superalloy［J］. Journal of Materials Processing Technology, 1995(52)：225～237.

[52] Sivakesavam O, Rao I S, Prasd Y V R K. Processing map for as-cast magnesium［J］. Materials Science and Technology, 1993(9)：805～810.

[53] 刘勤. 金属的超塑性［M］. 上海：上海交通大学出版社, 1989.

[54] 吴诗惇. 金属超塑性变形理论［M］. 北京：国防工业出版社, 1997.

[55] 方轶琉, 程逸明, 王月香, 等. 双相不锈钢热变形行为研究［J］. 东北大学学报（自然科学版）, 2009(30)：1124～1125.

[56] Fang Y L, Liu Z Y, Song H M, et al. Hot deformation behavior of a new austenite-ferrite duplex stainless steel containing high content of nitrogen［J］. Mater. Sci. Eng. A, 2009(526)：128～133.

[57] 曾卫东, 周义刚, 周军, 等. 加工图理论研究进展［J］. 稀有金属材料与工程, 2006, (05)：673～677.

[58] Kim H Y, Kwon H C, Lee H W, et al. Processing map approach for surface defect prediction in the hot bar rolling［J］. Journal of Materials Processing Technology, Volume 205, Issues 1～3, 26 August 2008：70～80.

[59] Lee H W, Kwon H C, Wais M, et al. Instability map based on specific plastic work criterion for hot deformation[J]. Journal of Materials Science and Technology, 2007(21): 1534 ~ 1540.

[60] Radhakrishna Bhat B V, Mahajan Y R, Roshan H Md, et al. Processing map for hot working of powder metallurgy 2124 Al-20 Vol Pct SiC$_p$ Metal Matrix Composite[J]. Metallurgical Transactions A, 3A, 1992: 2223.

[61] Malas J C, Venugopal S, Seshacharyulu T. Effect of microstructural complexity on the hot deformation behavior of aluminum alloy 2024[J]. Materials Science and Engineering A, 2004, 368: 41 ~ 47.

[62] Sivaprasad P V, Venugopal S. Instability Maps: An Aid to Tool Design[J]. Journal of Materials Engineering and Performance, 2003(12): 656 ~ 660.

[63] 王蕊宁, 奚正平, 赵永庆, 等. Ti53311S 钛合金热变形的组织和机制分析[J]. 稀有金属材料与工程, 2006(05): 10 ~ 13.

[64] 林富生, 王治政. 中国电站用耐热钢及合金的研制、应用与发展[J]. 动力工程学报, 2010, 30(4): 236 ~ 240.

[65] 朱日彰, 卢亚轩. 耐热钢和高温合金[M]. 北京: 化学工业出版社, 1996.

[66] 凤仪. 金属材料学[M]. 北京: 国防工业出版社, 2009.

[67] Herda W R. Evolutionary development in Ni alloys and stainless steel metallurgy for meeting the industry's corrosive challenges: the last 50 years [J]. Stainless Steel's, 1999, 31(2): 117.

[68] 马国印. 镍和镍合金耐腐蚀性[J]. 分析化工装备技术, 2007, 28(1): 71.

[69] 张惠斌, 胥继华. Incoloy 800H 合金持久性能的研究[C]. 第九届全国不锈钢年会论文集, 1992: 55 ~ 58.

[70] Prasad Y V R K, Gegel H L, Doraivelu S M, et al. Metall Mater Trans, 1984, A15: 1883 ~ 1892.

[71] Kalyan Kumar A K S. PhD Thesis. Indian Institute of Science, Bangalore, India, 1987.

[72] Ziegler H. Progress in Solid Mechanics. New York. Wiley, 1963: 93 ~ 113.

[73] Prasad Y V R K, Seshacharyulu T. Int Mater Rev, 1998, 43: 243.

[74] Cao Y, Di H S, Zhang J C, Ma T J, Zhang J Q. Acta Metall Sin, 2012, 48: 1179.

# RAL · NEU 研究报告

## （截至 2015 年）

（2016 年待续）